Jeannine Halene & Hermann Scherer

Marketing jenseits vom Mittelmaß

Marketing jenseits vom Mittelmaß

100 Best-Practice-Beispiele

Jeannine Halene & Hermann Scherer

Eine umfassende Best-Practice-Sammlung aus erfolgreichen Ideen und Kampagnen jenseits vom Mittelmaß

Die Ergänzung zum Bestseller *Jenseits vom Mittelmaß*!

CONTENT

05

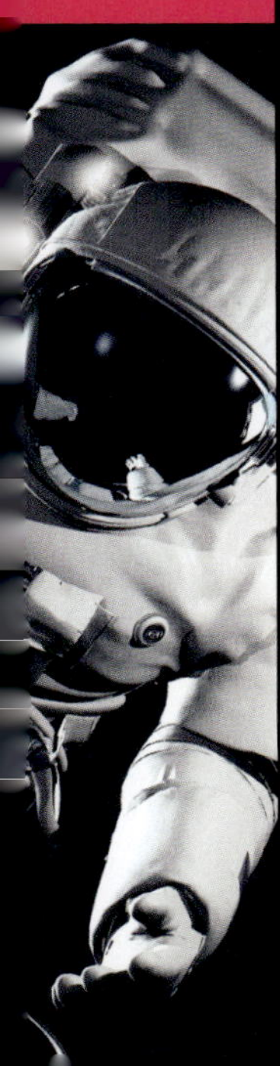
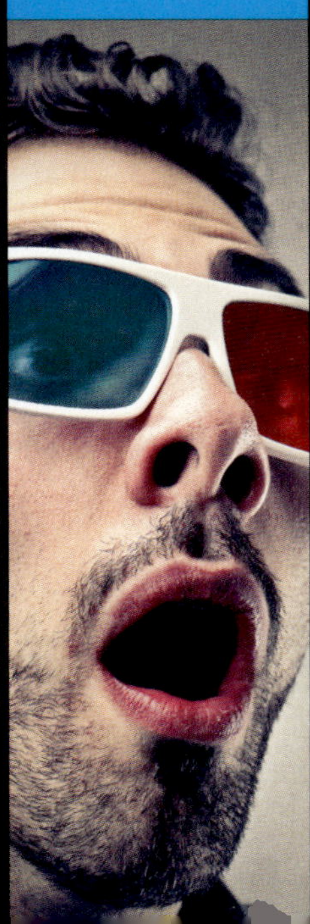

”

Good things come to those who go crazy. Go out and fucking earn it.

“

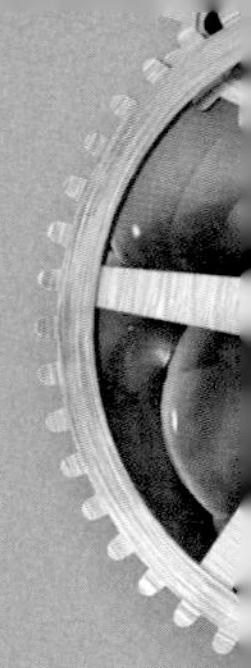

01

PROLOG

von Hermann Scherer

01 PROLOG

DER TAG DES HEFEZOPFS ODER WIE IMITATION DIE EIGENE KREATIVITÄT TÖTET

Werbung spielt mit Illusionen. Ich halte dieses Spiel für gefährlich, weil es Unternehmensprofile verzerrt und die Gedanken der Kunden mit Zuckerguss überzieht.

ZUCKERGUSS IST SCHNELL GESCHLECKT UND DESHALB NIEMALS VON NACHHALTIGKEIT.

Zuckerguss schmeckt als Glasur auf einem Hefezopf, aber als Marketingtool eignet er sich nicht. In einer Zeit, in der täglich 10.000 Werbebotschaften die Köpfe der Menschen fluten, in der Milliarden Euro jährlich über die Tische von Unternehmen und Agenturen geschoben werden, heißt die Devise: auffallen, und zwar um jeden Preis. Werbung ist eine teure und komplexe Angelegenheit. So denken viele. Ich sehe das anders.

Die Werbewelt tickt heute ähnlich wie immer schon. Ausgrabungen in Pompeji belegen, dass Werbetafeln die Stadt zierten, bevor sie im Jahre 79 nach Christi unterging. Seither erweitern sich die Kommunikationskanäle stetig, werden die Platzierungen für Botschaften subtiler. Das Ziel aber heißt nach wie vor, Aufmerksamkeit zu erreichen. Und dieses Ziel können Sie verwirklichen. Denn ihm kommt die Tatsache zugute, dass das menschliche Gehirn über eine wunderbare Eigenschaft verfügt: Es wächst mit den Herausforderungen und verkraftet selbst die größte Reizflut. Allerdings vermag es sich zu schützen, wenn die Eindrücke zu kurz, zu laut, zu schnell, zu langweilig sind. Was das Gehirn jedoch liebt, das sind Geschichten.

EHRLICHE WERBUNG BRAUCHT PURENESS UND KEINE GLÄNZENDEN OBERFLÄCHEN.

Und hier liegt das Geheimnis guter Werbung. Die grauen Zellen suchen geradezu nach Sternschnuppen, die fallen und steigen und eine Projektionsfläche für Identifikation liefern. Wie also können Botschaften auf die neuralen Nervenbahnen des Kundenuniversums gelangen, um bestenfalls abzusickern ins Unterbewusste? Meine Antwort auf diese Königsfrage ist so einfach wie logisch: Erzählen Sie Wahrheiten, mixen Sie Ihr Wissen mit Emotion und servieren Sie diesen Shake zur richtigen Zeit, am richtigen Ort, in richtiger Tonalität. Wenn dieser Dreiklang stimmt, dann entsteht eine Botschaft mit Eigenwert.

Ehrliche Werbung braucht Pureness und keine glänzenden Oberflächen. Die reflektieren das Licht, statt es zu brechen, die spiegeln Perfektionismus statt Wagnis. Wenn ich Hochglanz sehe, dann will ich kratzen, so lange bis die Substanz unter dem Lack schimmert. Unebenheiten und rostige Stellen, die schubsen meine Fantasie an. Dort verbergen sich die wertvollen Informationen, dort offenbart sich der Zustand aller Objekte. Ich gehe Dingen auf den Grund und diese Lebenshaltung hat mich vor so mancher Illusion bewahrt. So mag dieses Buch, das Sie in den Händen halten, einen Impuls setzen, um sich abzuwenden von Claims im Chorgesang, von austauschbaren Bildern, die auf dem Messestand einer Krankenkasse ebenso kleben könnten wie an der Litfaßsäule im Eingang einer Autowerkstatt.

Bei genauem Hinsehen wird deutlich, wie Unternehmen samt Agenturen munter von den Coca-Colas dieser Welt abkupfern. Sie glauben, damit sei der Erfolg gebucht.

NUR VERGESSEN SIE EINES: EINE KOPIE IST NIE SO GUT WIE DAS ORIGINAL.

Die Geschmackmischer von Coca-Cola hüten das Koffein-Zucker-Rezept wie der Vatikan die Schriften im Geheimarchiv. Und in die Fußstapfen eines Steve Jobs wird auch posthum niemand passen. Er duldete sowieso keinen Mitläufer neben sich, war fort, bevor diese sein Terrain erreichten. Eine solche Strategie gefällt mir gut, weil sie provoziert. Entweder du revolutionierst den Markt oder du suchst dir einen anderen. Mit dieser These verkommt eine bunte Unternehmenswelt nicht zu einem Bild in Rot-Weiß. Nur meinen manche Strategen, was einmal wirke, bleibe erfolgreich – und machen weiter wie bisher. Es ist ein Paradoxon, dass Menschen nach Zukunft streben und doch in der Vergangenheit gefangen sind.

ZUKUNFTSDENKER

Menschen sind per se auf Sicherheit bedacht. Sie meiden Neuland. Gern nutzen sie Erfahrungen der Vergangenheit als Grundstock für die

Zukunft, denn in dieser Vergangenheitswelt kennen sie sich aus, da wissen sie, auf welchen Pfaden sie trampeln. Das hindert sie zwar nicht, Reformen zu fordern, aber bitte schön in überschaubaren Portionen. So schimpfen Eltern oftmals auf die verkrusteten Stundenpläne in den Schulen, versprechen Politiker wohltönend Änderung. Am Ende aber bleibt Bildung, Ausbildung, die Entwicklung in unserem Lande ohne Experimentierfreude. Frontalunterricht ist nach wie vor Usus und Lehrer sind eher Autoritäten denn Entwicklungsbegleiter. Sie kritzeln wie vor 100 Jahren im Deutschunterricht die Bemerkungen in Rot an den Aufsatzrand. Sie monieren, wenn Kinder im Fach Kunst über die Grenzlinien malen. Sie verwechseln pubertäre Diskussionslust mit Aufsässigkeit. So lernen die Schüler: Wer sich anpasst, der kommt weiter. Um wie viel hilfreicher wäre ein Fach, das jungen Menschen erlaubt, Visionen zu zeichnen ohne Grenzlinie, Worte zu finden ohne Einschränkung, einzig geleitet von ihrer Kreativität.

Wussten Sie schon:
In Frankreich ist es verboten, einem Schwein den Namen „Napoleon" zu geben.

DIE WIRKLICH GROSSEN DIMENSIONEN ÖFFNEN SICH ERST DURCH EIGENSINN.

Auch die Wissenschaft setzt auf eine vergangenheitsbewegte Zukunftsbewältigung. Sie trägt mit wichtiger Miene Althergebrachtes zusammen und zwängt es in Statistiken. Damit schafft sie nicht Wissen im Sinne von Erschaffen, sondern denkt in immer schon gedachten Schleifen. Die international renommierte Harvard Business School entschied sich vor Jahren, aus diesem Denkmodell ein Geschäftsmodell zu machen. Seither erarbeiten Professoren und Studenten Fallstudien in allen Bereichen der Wirtschaft und verkaufen diese an Weiterbildungsstätten und Organisationen. Nahezu sieben Millionen sogenannter Case Studies werden jährlich geordert und wahrscheinlich angewandt. Und in der Konsequenz lernen die zukünftigen Manager lediglich, vorgekaute Lösungen für ihre Probleme zu nutzen, eingerahmt mit dem Nimbus der Forschung. Solange Menschen die Standards der anderen als Vorlage wählen, bewegen sie sich auf dem Vergangenheitspfad. Die wirklich großen Dimensionen öffnen sich erst durch Eigensinn.

Wie wäre es, Sie würden sich einmal von Ihren Erfahrungen lösen? Stellen Sie sich vor, die Erde öffnet sich und verschlingt alles, was Sie

sich aufgebaut haben: Ihr Unternehmen, Ihre Kunden, Ihre Kontakte. Dann schließt sich die Erde wieder – und Sie stehen vor dem Nichts. Das mag zunächst Herzinfarktängste bedienen. Doch dann blinken die Chancen auf, dem Denken wieder Leichtigkeit zu geben und sich zu fragen: Wie erreiche ich neue Kunden? Wie steigere ich meinen Umsatz?

Nun definieren sich die Ziele nicht mehr aus der Summe des Gelernten und Erlebten, sondern formen die Zukunft neu. Ein Rückblick muss nicht falsch sein. Er darf nur den Sinn für Anfänge nicht rauben. Mit Freude stelle ich fest, dass sich kleine und mittlere Unternehmen immer öfter auf unbebautes Zukunftsfeld vorwagen. Mit kreativer Werbung und außergewöhnlichen Kampagnen. Für mich sind sie seit Langem schon die wahren Pioniere in der Gesellschaft.

IDEENGEBER

Als ich vor fünf Jahren mein Buch *Jenseits vom Mittelmaß* veröffentlichte, war die Resonanz überwältigend. Unternehmer bedankten sich dafür, dass ich der Werbung das Mystische nahm und klarmachte: Es geht nicht darum, mit den Big Playern zu tanzen. Es geht um den Mut, sich vom Mainstream und selbst ernannten Vorbildern fernzuhalten.
Das geschieht, wenn Sie Ihre Substanz beschreiben, samt Rissen und Brüchen. Wer seinen Plot entwirft, der muss sich nicht in fremden Szenen verlieren. Dieser Leitsatz prägt mich als Unternehmer und Speaker.

WER SEINEN PLOT ENTWIRFT, DER MUSS SICH NICHT IN FREMDEN SZENEN VERLIEREN.

Ich hatte nie vor, eine Fortsetzung von *Jenseits vom Mittelmaß* zu schreiben. Ich halte nichts von Fortsetzungsromanen und schon gar nicht von einer ergänzenden Auflage nach einem Erfolg. Das widerspricht meiner Haltung als Autor, die besagt: Bringe Neues, Unterhaltsames, Wissenswertes auf den Ladentisch der Buchhandlungen. Was einmal formuliert ist, verliert nach dem Lesen seine Spannung. Dass ich dennoch zustimmte, das hat zwei Gründe. Der erste lautet schlichtweg: Ich kann gegenüber einer talentierten, zielstrebigen, schönen Frau nicht Nein sagen – wenn sie mich um berufliche Unterstützung bittet. Als die junge Agenturinhaberin Jeannine Halene nach einer Veranstaltung auf mich zukam, da sprudelte sie mir ihre Ideen entgegen, und ich spürte schnell: Die versteht die Leistungsträger unserer Gesellschaft. Die hat die Kraft, sich in der Männerdomäne durchzusetzen. Der zweite Grund fächert sich weiter auf. Ich glaube, wir haben verlernt, für unsere Ideen zu brennen. Und dieses Buch zündelt mit seinen Bildern und Beispielen.

FÜNF JAHRE SIND IN DER WERBEWELT NICHT MEHR ALS EIN WIMPERNSCHLAG.

In dieser zeitlichen Sequenz von 0,01 Sekunden ändert sich – nichts. Diese Einsicht hat mich auf den ersten Blick verwundert, auf den zweiten überzeugt, dass die Suche nach einer Positionierung jenseits vom Mittelmaß nach wie vor aktuell ist. Verstehen Sie dieses Buch als eine Inspirationsquelle. Mehr soll es nicht sein. Das mag ihm seine Berechtigung unter den jährlich 90.000 Neuerscheinungen geben.

ICH GLAUBE, WIR HABEN VERLERNT, FÜR UNSERE IDEEN ZU BRENNEN.

Für mich sind nur zwei Themen in der Ratgeberliteratur wichtig: Gesundheit – denn die kopiere ich gerne. Und Rezepte – denn die verfeinern die Ernährung zum Genuss. Ohne eine Koch- und Backanleitung würde ein großes Stück Kultur in diesem Land sterben. Stellen Sie sich vor, die Zutaten für einen Hefezopf wären nie überliefert und im Andenken an den unbekannten Erfinder hochgehalten worden?

Die größte Gefahr im Leben ist, dass man zu vorsichtig wird.

Alfred Adler

Niemand wüsste, dass im 15. Jahrhundert die Burschen mit diesem köstlichen Gebäck um ihre Auserwählten warben. Die Welt wäre um einen kulinarischen Festtagsschmaus ärmer. Ich schlage vor, alle Konditoreien in diesem Lande sollten eine UN-Petition verfassen und einen Tag des Hefezopfes initiieren. Ähnliches tat ein Stuttgarter Wirt. Er ließ sich einen Tag der Flädlesuppe zusichern und gilt seither als Meisterkoch der schmackhaften Brühe. Es gibt immer 100.000 Ideen für 100.000 Patente.

Alle anderen Themen im Ratgeber-Genre, von der Erziehung der Kinder bis zur Zeitplanung im Management, können aus meiner Sicht getrost verramscht und zu Servietten recycelt werden. Vielleicht wird dieses Schicksal auch dieses Buch ereilen. Oder vielleicht werden Sie die bunten Seiten als Einwickelpapier für Ihre Backwaren verwenden. Das wäre kreativ. Ratgeber sind überflüssig. Sie nehmen den Themen ihre Größe.

WORTESAMMLER

Besinnen Sie sich einmal auf die großen Themen der Welt: Glück, Liebe, Gesundheit, Reichtum und Erfolg. An diesen magischen fünf Punkten hat sich in den vergangenen 4.500 Jahren nichts geändert. Und die Welt scheint Kopf zu stehen, wenn es gelingt, diese Big Five in andere, in überraschende Worte zu packen. Wie sonst lässt sich erklären, dass die junge Poetry-Slammerin Julia Engelmann in der Bielefelder Uni vor die Kamera tritt, sechs Minuten lang einen trotzigen, selbst geschriebenen Text von verpassten Chancen spricht und dieses Video auf YouTube rund 6,5 Millionen Mal geklickt wird? Wenn Langeweile durchbrochen wird, beginnt Begeisterung. Oder warum sonst schreibt die Autorin Bronnie Ware einen Weltbestseller über Menschen, die am Ende ihres Lebens bereuen, was sie vernachlässigt haben? Das Buch wurde in 27 Sprachen übersetzt und steht auch nach drei Jahren noch auf dem ersten Platz in den entsprechenden Amazon-Listen. Wie wunderbar, wenn solche Frauen uns mit einfachen, mit berührenden Worten wachküssen und wir für einen Moment in Echtzeit denken. Dann fühlen wir uns uns selbst nahe und das ist heute nicht mehr selbst-

verständlich. Ich wundere mich über Jugendliche, die ein Rolling-Stones-Konzert regungslos durch ihr Handy verfolgen, weil sie zeitgleich den Rock an ihre Facebook-Freunde posten. So geschehen in Berlin. Da stampft Mick Jagger faltig, jung, schwitzend und keuchend auf der Bühne herum, da knallt Keith Richards den Beat durch die Menge, dass jeder Nerv im Körper vibriert und jeder Muskel zuckt, da will man die Uhr festhalten ob der Demut vor diesem musikhistorischen Augenblick – und der Typ von 18 Jahren nebenan verzieht keine Miene und glotzt auf das Display mit den Maßen 12 x 5 cm. So klein kann Geschichte schrumpfen.

WENN LANGEWEILE DURCHBROCHEN WIRD, BEGINNT BEGEISTERUNG.

Dieses Buch erscheint in großem Format. Es ist edel gestaltet und die Substanz bleibt sichtbar, ohne Lack und Hochglanz, ohne Anspruch auf Prosa. Seine Ideen sollen vom Auge ins Herz und dann ins limbische System knallen, mitten hinein ins Zentrum für Kreativität. Die Unternehmen, die ich gemeinsam mit Jeannine Halene auswählte, die eint eines: die Verve für Werbung. Lassen Sie sich inspirieren – und dann klappen Sie das Buch zu. Nutzen Sie es als Briefbeschwerer oder Regaldekoration. Gestalten Sie Ihre persönlichen Seiten. Sammeln Sie Ihre eigenen Worte. Werden Sie Schöpfer und Schatzfinder. Setzen Sie den Coca-Colas und Ratgeberautoren Ihre Storys entgegen.

DAS LEBEN IST ZU KURZ, UM NUR ZU LESEN, ALSO GEHEN SIE LOS UND ZÜNDEN SIE DIE WELT MIT IHREN EIGENEN IDEEN AN.

Ihr

Hermann Scherer

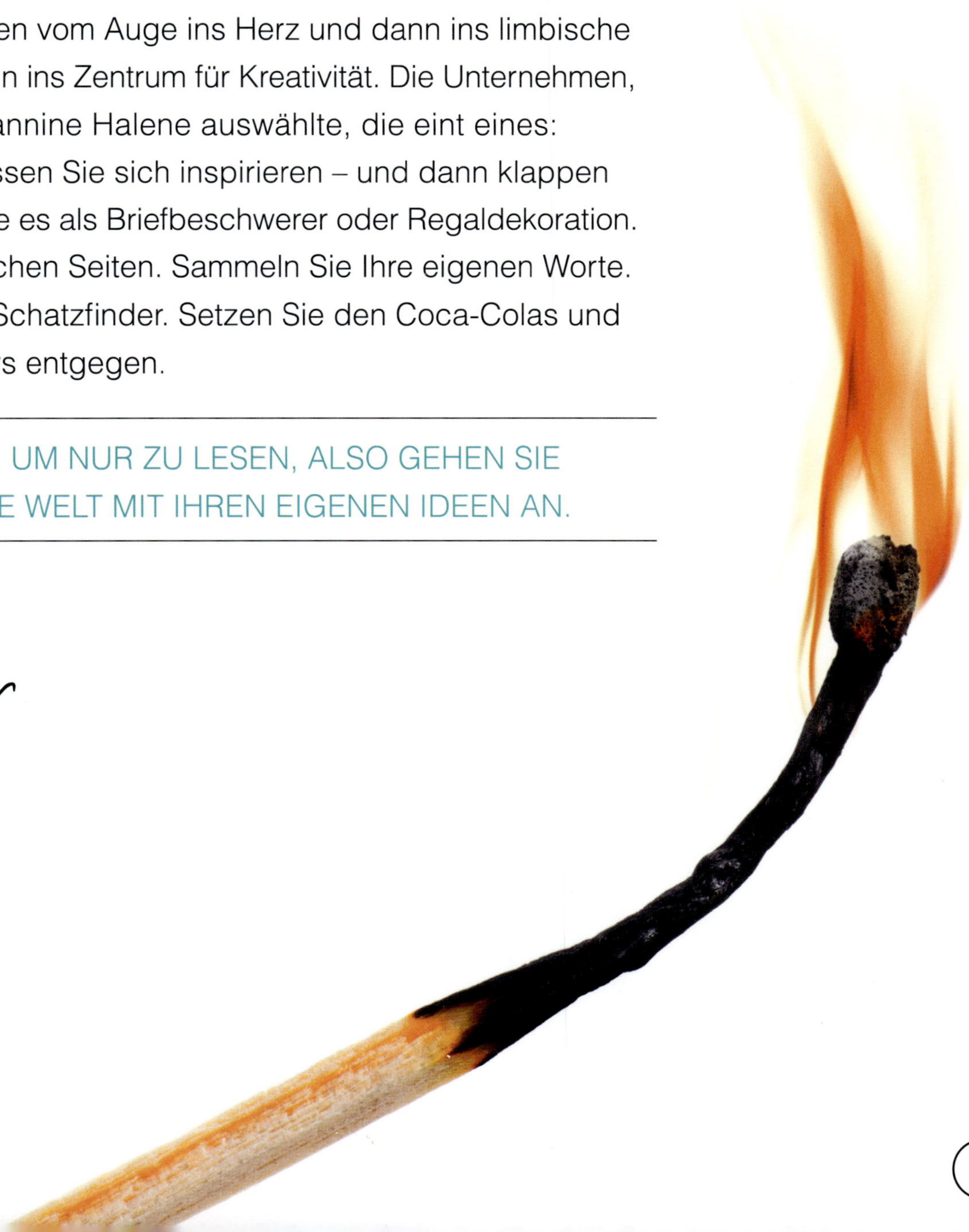

Design is more than just a few tricks to the eye. It's a few tricks to the brain.

Neville Brody

02

VORWORT

von Jeannine Halene

02 VORWORT

WENN WIR EINES IM ÜBERFLUSS HABEN, DANN SIND DAS REGELN.

150.000 und mehr bestimmen, was wir dürfen und was wir lassen sollen. Sie lenken das Verhalten auf schmalen Bahnen und warnen mit roter Farbe: Stopp!

NICHT SO SCHNELL. UND BITTE NICHT ANDERS ALS DIE ANDEREN.

Überall hebt sich der Zeigefinger der Vernunft, sobald wir uns zu weit von der Gruppe entfernen. Wir lernten früh, dass sich gutes Benehmen gehört und dass sich Unauffälligkeit schickt. Wer dem Lehrer ständig widersprach, wurde erst zum Störer und später zum Schlusslicht der Klasse. Diese Erfahrung prägt fürs Leben. Also reihen wir uns ein in den Gleichstrom der Normen, weichen den Streetbumps im Alltag artig aus. Das ist schade.
Die *Fantastischen Vier* singen mir aus dem Herzen, wenn sie rappen: „Bevor wir fallen, fallen wir lieber auf." Das könnte ein Motto sein für Unternehmen, die jenseits vom Mittelmaß werben.

Wussten Sie schon:
Männern ist es in Miami verboten, sich in der Öffentlichkeit in einem Morgenmantel ohne Gürtel sehen zu lassen.

Werbung war nie einfacher und schneller als heute. Nahezu in Echtzeit posten wir Botschaften und Spots um die Welt. Wir teilen und lächeln in die weltumspannenden Netzwerke hinein.
Das mag Fluch oder Segen sein. Für mich als Inhaberin einer Werbeagentur ist es nur eines: eine Herausforderung. Wenn ein Kunde während der Präsentation fragt: „Super Idee, nur: Ist das nicht zu gewagt?",

DIE MENSCHEN MÖCHTEN HEUTE LIEBER UNTERHALTEN ALS INFORMIERT WERDEN.

dann weiß ich, ich liege goldrichtig, und antworte: „Gewagt heißt fast schon gewonnen." Man muss einfach wissen, dass die Menschen heute lieber unterhalten als informiert werden möchten. Wenn man es schafft, mit polarisierenden Ideen gegen den Strom zu schwimmen, ist das schon die halbe Miete. Warum schmecken Sie Schokolade, nur weil eine lila Kuh im TV grinst? Oder warum denken Sie bei Löchern in der Schuhsohle an ein gutes Fußklima? Ist es nicht merkwürdig, eine Kuh lila anzumalen und einen Schuh mit Löchern zu versehen?

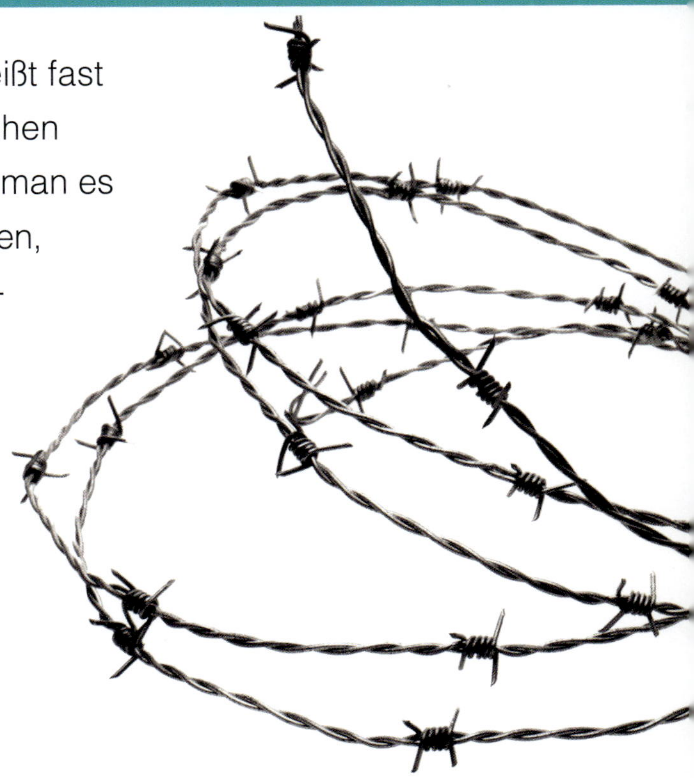

Ja, genau das ist es: merk-würdig! Milka und Geox spielen nicht zuletzt wegen dieser Ideen in der Spitzenliga ihrer Branche.

02 VORWORT

Design lässt sich nicht am Fließband produzieren. Es braucht Ingredienzien, zu denen eine Vision, gutes Handwerk und eine gehörige Prise Selbstbewusstsein gehören. Blicke ich mich weiter um in der Szene, dann sind es vor allem die Erfolgstypen, die diesen Mix verkörpern. Sie sind schräg, mutig und glauben an sich und ihre Ideen. Auf die Vielzahl von Regeln pfeifen sie. Denn am Ende entscheidet nicht die Norm über die Leistung, sondern einzig der Stil, der gefällt: Karl Lagerfeld präsentiert seine Mode, verschweigt sein Alter und lästert mit weiß gepudertem Pferdeschwanz über die Konkurrenz. Die Modewelt verehrt ihn trotzdem. Richard Branson wiederholt gebetsmühlenartig, aber immer mit Begeisterung und mit unwiderstehlichem Zahnpastalachen seine Gründungsgeschichte von Virgin Records. Die Story macht ihn zum Vorbild aller Entrepreneure dieser Welt.

ALS WERBEFACHFRAU WEISS ICH: UM AUFMERKSAMKEIT ZU ERLANGEN, MUSST DU DIE REGELN BRECHEN.

Marilyn Manson schockiert mit Worten, Frisur und Benehmen. Die Zuhörer gruseln sich und katapultieren seine Songs in Traumhöhen. Diese Stars brechen mit der Normalität. Sie schaffen Irritationen und damit Aufmerksamkeit. Denken Sie immer daran: Es scheint immer unmöglich zu sein, bis es einer macht.

Wenn Boxer wie die Klitschko-Brüder mit Manieren und Doktortitel dem Gegner eins auf die Nase geben, dann sehen wir intensiver hin und geben der Idee vom Anderssein wieder einen Raum.
Uns berühren nicht die Hochglanzformate, sondern die ehrlichen Geschichten, die sich manchmal derart hochschrauben, dass sie Stoff für Romane und Filme liefern. Davon handelt dieses Buch.

Als ich meine Agentur gründete, da schwor ich mir: Ich will anders sein als die anderen. Ich will auffallen. Ich will mich vorwagen. Ich will unbequemer, frecher und immer nah dran sein an den Wünschen der Kunden. Wie das geht? Indem Sie unter allen Umständen die Blicke der Kunden wie Magnete anziehen. Und glauben Sie mir, dieser Anspruch ist Höchstleistung für Ihre Kreativität.
Ich finde: Das Leben ist zu kurz für schlechte Kampagnen und zu wertvoll für das Einerlei der Standards.

PUSTEN SIE EINMAL IHRE HINDERLICHEN GLAUBENSSÄTZE BEISEITE, DIE IHNEN SOUFFLIEREN: „SO GEHT DAS NICHT."

Stellen Sie sich vor, es gäbe eine Werbewelt ohne Regeln: Sie dürften tanzen, singen, stampfen, brüllen. Sie dürften eine Melodie aus laut und leise, aus einem Rhythmus mit harten Beats komponieren. Bespielen Sie die gesamte Palette Ihrer Gefühle, widersprechen Sie, eröffnen Sie sich für einen Moment einen Horizont ohne Begrenzung. Ich habe tiefen Respekt vor all den Kreativen, die sich diese Gabe bewahren und sich jenseits eines kleinkarierten Regelrasters bewegen.
Ich brauche keine Hausordnung, die bestimmt, dass ich meine Schuhe im Flur vor dem Treppenabsatz ausziehen muss. Ich will keine AGB in epischer Länge lesen, bevor ich im Internet shoppe. Ich will keine Nummern ziehen in Wartezimmern und stumm dasitzen, bis diese an der Decke blinken.

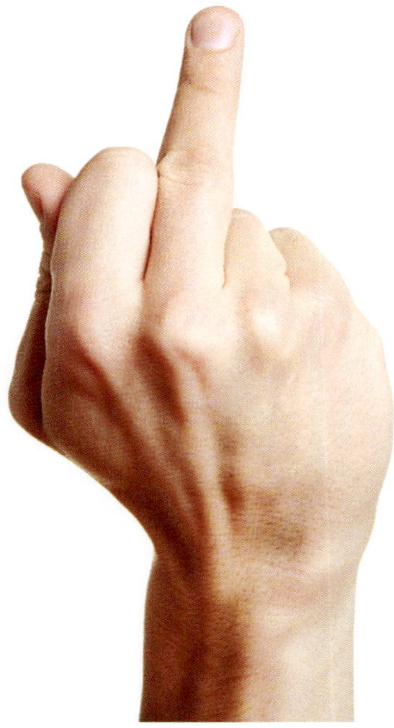

Mut zahlt sich aus:
Richard Branson, Gründer von Virgin Records und Entrepreneur: Trotz Legasthenie und ohne Schulabschluss ist er mutig genug, immer wieder Risiken einzugehen. Seitdem ist er immer auf der Suche nach dem ultimativen Abenteuer.

Verstehen Sie mich nicht falsch: Das ist kein Aufruf zur Revolution gegen jegliche Regeln in der Gesellschaft. Einige finde ich durchaus sinnvoll und einem Zusammenleben zuträglich. Wogegen ich mich aber wehre, das sind die 1.000 überflüssigen Vorschriften, die uns schlichtweg die Lust aufs Leben vermiesen.

”

Das Leben ist zu kurz für schlechte Kampagnen.

Jeannine Halene

02 VORWORT

Denken Sie mal kurz nach. Wann haben Sie das letzte Mal dieses Jucken auf der Seele gespürt, einmal auszubrechen aus einem Zehn-Stunden-Bürotag, einfach so, weil draußen die Sonne scheint und Ihr Vitamin-D-Haushalt gerade nach einer Portion dieser gelben Strahlen dürstet? Sie könnten bei einem Lauf ums Gebäude zwischen zwei Meetings Energie tanken und danach Ideen geradezu ausspucken. Aber die Stechuhr ist auf solche Eskapaden nicht eingestellt. Oder erinnern Sie sich, wie Sie als Jugendlicher vor dem städtischen Schwimmbecken standen? Sie wollten sprinten, springen und mit der besten Arschbombe aller Zeiten das Mädchen Ihrer Träume beeindrucken. Und was geschah? Während Sie auf den Zehen wippten, die Blicke Ihres Sweetys im Rücken spürten, während Sie die Hände in die Luft streckten, losstürmten in einem unglaublichen Tempo – schrillte das Pfeifen des Bademeisters. Sie bremsten. Abrupt.

LA, LA, LANGWEILIG KANN JEDER.

Sie stolperten. Unglücklich. Sie landeten auf dem Bauch im Wasser und das Mädchen Ihrer Träume kicherte – und lief weg. Wie wunderbar wäre die Geschichte verlaufen, hätte der Bademeister einen Augenblick lang seine Trillerpfeife hängen lassen und Ihnen den Soloauftritt gegönnt.

REGELN MACHEN GEIZIG.
ICH WILL SIE ZUR GROSSZÜGIGKEIT VERFÜHREN.

So wird dieses Buch ein Ideenbuch, ein Motivationsbuch und ein Arbeitsbuch. Mit Best-Practice-Beispielen und Sprüchen, die Sie inspirieren. Setzen Sie sich ungewöhnliche Ziele, und dann werden Sie nicht müde, diese zu erreichen. Schritt für Schritt oder gleich im Sprint. Das ist für mich lediglich eine Frage der Kondition. Und der Kreativität. Wenn ich Ihnen gemeinsam mit Hermann Scherer einen sportlichen Tipp geben darf, dann lautet der: Trainieren Sie Ihre rechte Gehirnhälfte. Dort wirkt

Ihre Kreativität. Pflegen Sie sie, denn sie ist empfindsam wie eine Diva. Sie braucht eine Bühne, um zu strahlen. Sie will in Gesichter sehen, die den Zauber lieben. Sie dreht geradezu Pirouetten im Vorwärtsdenken, und wenn ihr eines sicher ist, dann der Applaus.

ZU VIELE REGELN MACHEN UNS BLIND UND DUMM, DENN WIR HINTERFRAGEN NICHTS MEHR.

Aber wo bitte schön soll der ertönen, wenn alle nur darauf achten, nirgendwo anzuecken? Wissen Sie, was uns hindert, einmal kreativ und völlig maßlos zu denken? Unsere Hemmungen aus Kindertagen, die mit den Jahren zu Barrieren werden. Heute aber sind wir erwachsen, selbstbestimmt und dürfen abwägen. Einen Strafzettel von 15 Euro zu riskieren, das kann klug sein, wenn im Hotel gegenüber der Marketingleiter eines DAX-Unternehmens wartet und mit einem 100.000-Euro-Auftrag winkt.

MANCHMAL IST ES EIN GEWINN, REGELN ZU BRECHEN.
DAZU MACHE ICH IHNEN MUT.

Ich blättere mit diesem Buch die Erfolgsgeschichten großer und kleiner Unternehmen auf. Ihnen allen ist gemein, dass sie Aktionen, Spots oder Kampagnen initiierten, die weit über das Mittelmaß hinausgehen. Sie haben sich getraut, zu schockieren. Sie wagten sich bis an den Rand der Gefühle und manchmal darüber hinaus. Wenn ein Inhalt nicht berührt, dann bleibt die Wirkung fad wie ein Konservengericht. So habe ich nach dem Besonderen, dem Frischen und Blühenden gesucht, nach Bildern und Worten, die so intensiv sind, dass niemand sie wieder vergisst. Solche Coups saugen sich im Gedächtnis fest. Mehr noch: Sie setzen Impulse, lassen uns Anlauf nehmen und im hohen Bogen vom Beckenrand springen – obwohl der Bademeister rot anläuft, weil sein Trillern ihm die Luft zum Atmen nimmt. Be creative!

Jeannine Halene

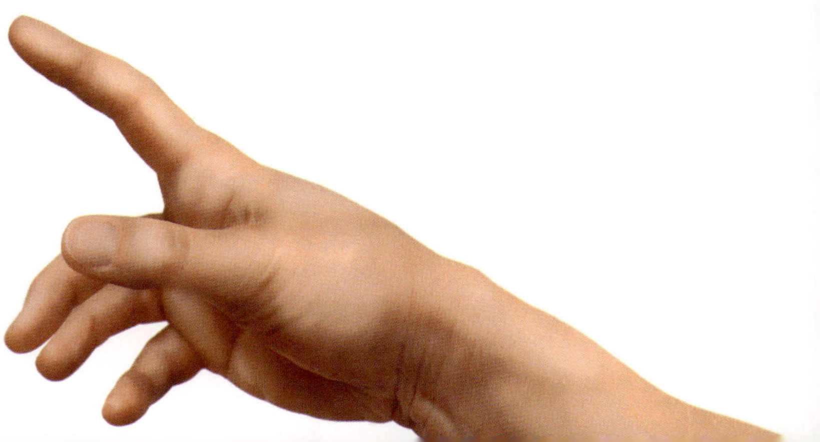

03

EINLEITUNG

von Jeannine Halene &
Hermann Scherer

03 GOOD vs. BAD

WIE OFT FRAGEN WIR UNS: IST DIE IDEE NUN UNGLAUBLICH GUT ODER UNGLAUBLICH SCHLECHT?

Diese Frage ist ein Denken in Schwarz-Weiß. Sie setzt ein Stoppschild im Kopf. Es ist völlig egal, ob gut oder schlecht. Entscheidend ist einzig, ob es wirkt.

Und das bestimmt der Kunde. Was bei ihm ankommt, hat Potenzial zum Erfolg. Natürlich muss das Produkt dann auch gut sein. Denken Sie zum Beispiel an Seitenbacher-Müsli. Sofort klingelt in den Ohren ein nervenraubender Spot und ein platter Text in schwäbischer Mundart. Trotzdem, oder gerade weil der Spot so nervtötend ist, mutierte das Müsli damit zur Marke und das Unternehmen zur Nummer eins der Branche.

GUTE WERBUNG SPIELT JENSEITS VON VERNUNFT UND BERECHNUNG.

Wenn der Stil zu Ihrem Unternehmen passt, wenn die Botschaft vom Auge, vom Ohr ins Gehirn und dann mitten ins Herz zielt, dann trifft der Pfeil der Werber die richtige Stelle. Dann sprechen Sie die Sprache des Kunden. Begeben Sie sich auf Augenhöhe mit den Menschen, die Ihr Produkt kaufen oder Ihre Dienstleistung nutzen sollen.
Halten Sie den Augenblick ein wenig länger aus als üblich, erkennen Sie die Bedürfnisse und Wünsche, das kleine Zucken der Lider, die Angewohnheiten, die Vorlieben, erahnen Sie die Sehnsüchte. Dann wissen Sie, woraus sich Ihr Erfolgsstoff webt.

GRUNDSÄTZLICH IST WERBUNG EINFACH: DENN DER ERFOLG GIBT IHNEN IMMER RECHT!

Erinnern Sie sich an den Song *Too close* von Alex Clare? Der Track wurde von Plattenfirmen durchgehend abgelehnt. Nicht gut genug, dachte man. Die Zeit ist nicht reif für den Mix aus Dubstep und Soul, sagte man. Bis Microsoft entschied: Dieser Beat berührt. Der Riese übernahm das Lied in einen TV-Spot und machte Alex Clare damit über Nacht zum Superstar. Wochenlang beherrschte der Song die Charts. Nahezu 52 Millionen Menschen klickten in das düstere Video.

Geschmack lässt sich nicht diktieren. Aber erahnen. Und dafür gibt es zum Glück eine Methode: die MAFO. Marktforschung hilft in vielen Fällen, das Risiko zu vermeiden, aufs völlig falsche Pferd zu setzen. Die Krux ist nur: Diese empirischen Erhebungen sind teuer. Wir raten Ihnen daher: Bleiben Sie im Kontakt mit Ihren Kunden. Suchen Sie die Nähe, den Dialog, den Schulterschluss.

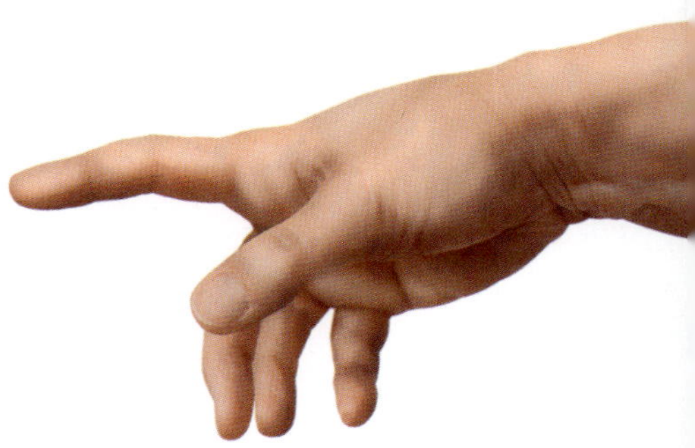

”

Misserfolg ist lediglich eine Gelegenheit, mit neuen Ansichten noch einmal anzufangen.

Henry Ford

03 GOOD vs. BAD

DAS ALLEIN IST DIE BESTE MARKTFORSCHUNG!

Nichts gibt Ihnen ehrlichere Einsichten zu Ihrer Rolle am Markt als die Meinungen der Kunden. Geschrieben oder gebrüllt: Mit Emotionen gespickt sind die für Sie ein wahrer Segen.

Hand aufs Herz: Wie oft werden Ihre Mitarbeiter fast grün im Gesicht, wenn Sie Ihnen mitteilen: „Der Kunde XY hat ein Problem und ist stinksauer." Wir raten Ihnen: Finden Sie das super. Verstehen Sie uns nicht falsch – wir wollen natürlich zufriedene Kunden, solche, die uns lieben, aber wir wollen auch lernen, weiterdenken und vorwärtsgehen. Wir alle brauchen diese Stimmen für unsere Entwicklung als Unternehmer.
Sie fordern uns heraus. Sie sind ein Bewegen in der realen Welt: In jeder Beziehung gibt es Ups and Downs.

UNSER REZEPT FÜR LANGFRISTIGE KUNDENZUFRIEDENHEIT: NEHMEN SIE SICH MAL AUSSER DER REIHE ZEIT.

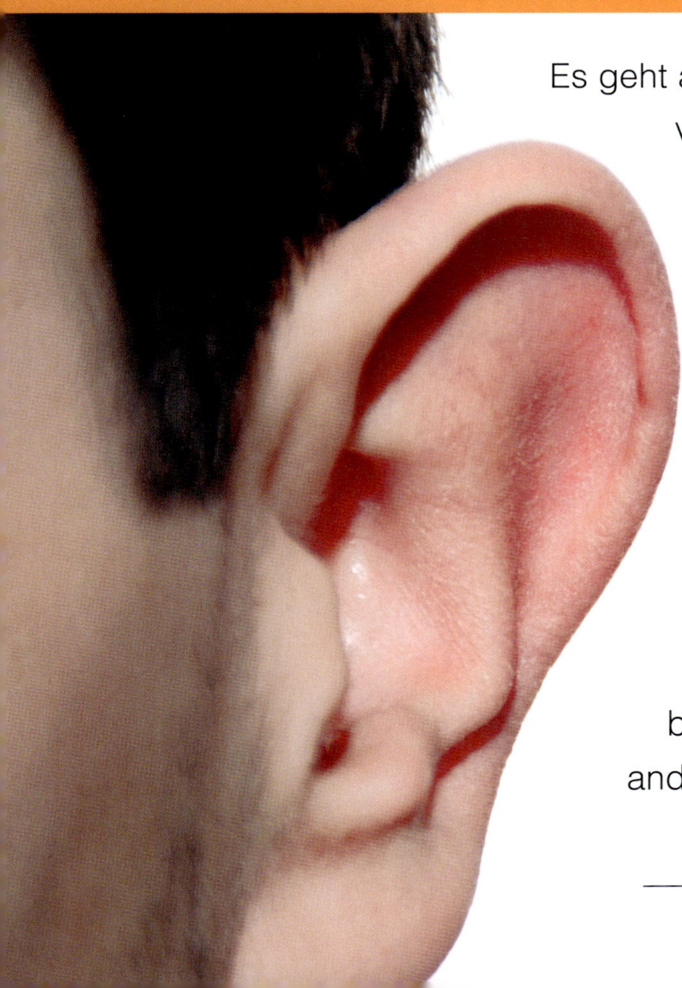

Es geht also darum, die Downs vorherzusehen. Wie können Sie diesen vorbeugen? Nicht für sich, nein, für Ihren Kunden. Laden Sie ihn zum Essen ein, beschenken Sie ihn mit Informationen, die für sein Business wichtig sind, mit Aufmerksamkeiten, die seinen Alltag erleichtern. Spiegeln Sie ihm: „Ich mache mir Gedanken um dich."

Am besten verabschieden Sie sich von der herkömmlichen Bedeutung des Wortes „Kundenbindung". Gefragt ist vielmehr das Selbstverständnis, sich an jedem Tag neu zu beweisen, ob mit oder ohne Vertrag. Ähnlich wie der Bäcker, der sich jeden Tag neu beweisen und die besten Brötchen backen muss, damit der Kunde nicht zur Konkurrenz auf der anderen Straßenseite abwandert.

TRIAL & ERROR

Zurück zum Thema, also zu der Frage: Was ist gut und was nicht?
Wir trauen uns in diesem Buch, eine Wahrheit auszusprechen, über die viele schweigen, weil sie denken, es könnte die Regeln der Professionalität brechen: Trial & Error – Versuch & Irrtum.

Wir kennen Hunderte kleine und große Unternehmen und sagen Ihnen: Alle tun es. Das hört sich nach „hands on" an – ist es auch. Die Gefahr des Verrennens lässt sich hier nicht verhehlen. Die droht besonders dann, wenn Maßnahmen kein direktes Messen von Erfolg oder Misserfolg zulassen.

Schon Einstein wusste: „Holzhacken ist deshalb so beliebt, weil man bei dieser Tätigkeit den Erfolg sofort sieht."

WAS, WENNS DANEBENGEHT? GANZ EINFACH, ICH WEISS NUN, DASS DIES NICHT DIE RICHTIGE IDEE WAR. ALSO DIE NÄCHSTE BITTE!

03 NEWLANDS

WAHRGENOMMEN WERDEN: RAUS AUS DER ZUVIELISATION!

Über 10.000 Werbebotschaften strömen täglich auf uns ein. Und die Zahl steigt weiter. Stopp! Das ist zu viel für unser Gehirn. Da machen die Filter dicht. Der Eigenschutz setzt ein.

Als Ende der 1970er-Jahre die Radiowerbung Einzug hielt, waren die Hörer völlig reizüberflutet. Innerhalb eines Jahrzehnts stieg in den USA der Anteil der Radiowerbung pro Stunde auf fast 19 Minuten. Ähnliches bewirkten die Spots im Fernsehen.
Der Standard zur Hauptsendezeit lag bis 1982 bei 9,5 Minuten pro Stunde. Heute liegt er zwischen 14 und 17 Minuten.[1] Seither hat das Gehirn Höchstleistung vollbracht, um Reize, Impulse, Strömungen aufzufangen und zu verarbeiten oder abzuwehren. Gut für die Konsumenten – schlecht für die Werber. Die nämlich müssen mächtig strampeln, damit ihre Ideen aus der Masse hervorstechen.

Aufmerksamkeit ist mittlerweile ein Synonym für Werbeerfolg, und es bedarf einiger Tricks, um jenes Quäntchen Andersartigkeit zu erlangen. Dr. Steffen Egner formuliert diesen Anspruch treffend:

„DIE AUFMERKSAMKEIT IST SOZUSAGEN DER TÜRSTEHER ZU UNSEREM GEHIRN."

Der wacht mit Argusaugen und lässt nur wirklich Wichtiges passieren. Wie können Kreative und Werbefachleute diesen Türsteher umschmeicheln, verführen, überraschen? Wie können sie ihm ein Nicken abringen und vielleicht sogar ein Lächeln?

L = Location
E = Emotion
C = Craziness

Auf eine griffige Formel gebracht lautet die Maxime:
L=Location, E=Emotion, C=Craziness.
Eine Werbung mit LEC-Effekt wird wirklich wahrgenommen. Mit L wie Location meinen wir: Eine Kampagne braucht die passende Umgebung, um sich zu entfalten. Nicht das Gießkannenprinzip zählt. Ein zielloses Streuen von Botschaften verfehlt den Sinn. Eine Persil-Werbung gehört in den Waschsalon.
Dort sind die Filter der Kunden für saubere, weiche, wohlriechende Wäsche weit geöffnet. Der mentale Türsteher tritt zur Seite und lässt die Botschaft über die Nervenbahnen gleiten.

[1] Quelle: Wikipedia

Verwirrung fördert Durchbrüche.

Hermann Scherer

Dagegen würde ein Persil-Spot im TV-Abendprogramm auf eine traute Gemütlichkeit treffen. Der Kunde säße entspannt mit Chips und Wein auf der Couch – die Tür zu den Wäschegedanken wäre fest verschlossen. Es gäbe keinen Need und keine Emotion. Das Thema entwickelt sich sogar noch weiter: Erscheint eine Werbung an einem völlig unpassenden Ort, entsteht eine Dissonanz. Die Marke wird mit einem negativen Gefühl belastet. Das Image sinkt.
Nichts könnte diesen Absturz besser belegen als ein Blick ins Internet. Kennen Sie das? Sie wollen sich auf einer Website informieren, und nach gefühlten Mikrosekunden versperrt ein Werbebanner derart stark Ihre Sicht, dass Sie keinen Content mehr erkennen. Sie verlassen genervt die Site, aber in Ihrem Kopf ist eine kleine Spur gelegt, eine Spur der Vorsicht, die vor einem weiteren Besuch mahnt. Die Wirkung einer Werbung hängt also extrem vom kontextuellen Umfeld ab.

SIE MÜSSEN ES ALSO SCHAFFEN, MIT IHRER WERBUNG ZUR RICHTIGEN ZEIT AM RICHTIGEN ORT ZU SEIN.

Betrachten wir den nächsten Punkt der Formel – E wie Emotionalität.

EINE ALTE WERBEWEISHEIT SAGT: „NO EMOTIONS – NO MONEY."

Hirnforscher haben längst herausgefunden, dass unsere Kaufentscheidungen zu 70 bis 80 Prozent unbewusst ablaufen und sich ausschließlich von Emotionen leiten lassen.[2] Ob wir wollen oder nicht, Emotionen beeinflussen unser Handeln.
Jeder von uns kennt das Bauchgefühl, welches uns manchmal sagt, was wir tun oder was wir lassen sollen. Bezeichnen Sie es als Ahnung oder Intuition, wie auch immer, es kann ein wahrer Wegweiser im Dschungel

[2] Quelle: Hans-Georg-Häusel, Emotional Boosting

der Entscheidungen sein. Oftmals stellt sich später heraus, dass dieses Gefühl im Bauch das richtige war. Der *Spiegel* schreibt: „Ein Großteil der Kommunikation gelangt über den Vagusnerv ins Gehirn und wird dort in den Regionen verarbeitet, die für Emotionen zuständig sind, dem sogenannten limbischen System. Diese enge Verbindung zwischen Bauch und Gefühl hat sich irgendwann in der Evolution entwickelt.“[3]

Was im Gehirn auf Beziehung, auf Wert, auf Logik und Wissen gecheckt wird, kann im Bauch nahezu in Echtzeit wirken. Ein hervorragendes Beispiel hierfür sind Personalentscheidungen: Es gibt unzählige Methoden, vom Assessment-Center bis hin zu professionellen Fragetechniken. Da werden Zeugnisse interpretiert, Lebensläufe gesichtet, Noten verglichen. Alles schön und gut, aber entscheidend bleibt doch, dass die Mitarbeiter sich aus einem tiefen Bauchgefühl heraus mit dem Unternehmen identifizieren, dass sie für die Ziele und Werte durchs Feuer gehen, loyal sind und mit Begeisterung ihre Aufgaben erfüllen. Sorry für diese Kritik an vielen sogenannten Auswahlverfahren, aber das, was wirklich zählt, steht in keinem Zeugnis der Welt.

Sie alle kennen die Science-Fiction-Serie *Raumschiff Enterprise*. Der Erste Offizier, Mr. Spock, ist Halbvulkanier. Er hat es scheinbar einfach: Ungestört von der Macht der Emotionen kann er sich auf rationale Analysen verlassen, um die Crew erfolgreich durch dick und dünn zu führen. Da drängt sich die Frage auf: Warum kann dieser eiskalte Mann mit den spitzen Ohren nicht zum Kapitän des Schiffes aufsteigen? Richtig! Weil ihm eine entscheidende Facette der Persönlichkeit fehlt: Gefühle zu entwickeln. Mit diesem kleinen Exkurs landen wir wieder bei unserer Kampagne.

SIE MÜSSEN MIT IHRER WERBUNG DIE SCHLÜSSELEMOTION IHRER ZIELGRUPPE FINDEN.

Sie müssen mit Normen brechen. So wie AXE, das Männer-Deo. Die Macher wussten, dass für das Branding zur Marke eine situative Belohnung entscheidend sein würde. Sie fragten sich: Was verspricht AXE den Männern, die sich täglich dieses Deo unter die Achseln sprühen? Dass Frauen auf den Deo-Duft fliegen.

[3] Quelle: http://www.spiegel.de/spiegelwissen/neue-forschung-wie-der-darm-das-wohlbefinden-beeinflusst-a-934518.html, 25.5.2014

Reihenweise, scharenweise, mit Flirt und Sexappeal. Die Botschaft lautet also: Egal, ob du der Charmebolzen schlechthin bist oder der Vollnerd, diese Körperpflege hat Folgen. Die Werbung bricht mit der Normalität. Oder betrachten wir McDonalds. Das Unternehmen verspricht einfach und clever Eltern einen Moment der Ruhe in chaotischen Kinderwelten. Einatmen. Ausatmen. Augen schließen. Und der normale Tagesablauf ist gebrochen.

ALL DIESE MARKEN SPRECHEN IHRE ZIELGRUPPE AUF EMOTIONALE WEISE GENAU DORT AN, WO SIE AUCH EMPFÄNGLICH SIND BZW. WO IHR „NEED“ SITZT.

Allerdings lösen nicht nur Regelbruch, Situation und Versprechen unsere Emotionen aus. Es gibt eine weitere wunderbare Methode. Ohne sie gäbe es keine Erzählungen, keine Literatur – und auch so manches Unternehmen würde nicht an seinem Zenit stehen: Wir reden vom Storytelling. Ohne gute Geschichten wäre unsere Welt eine ärmere.

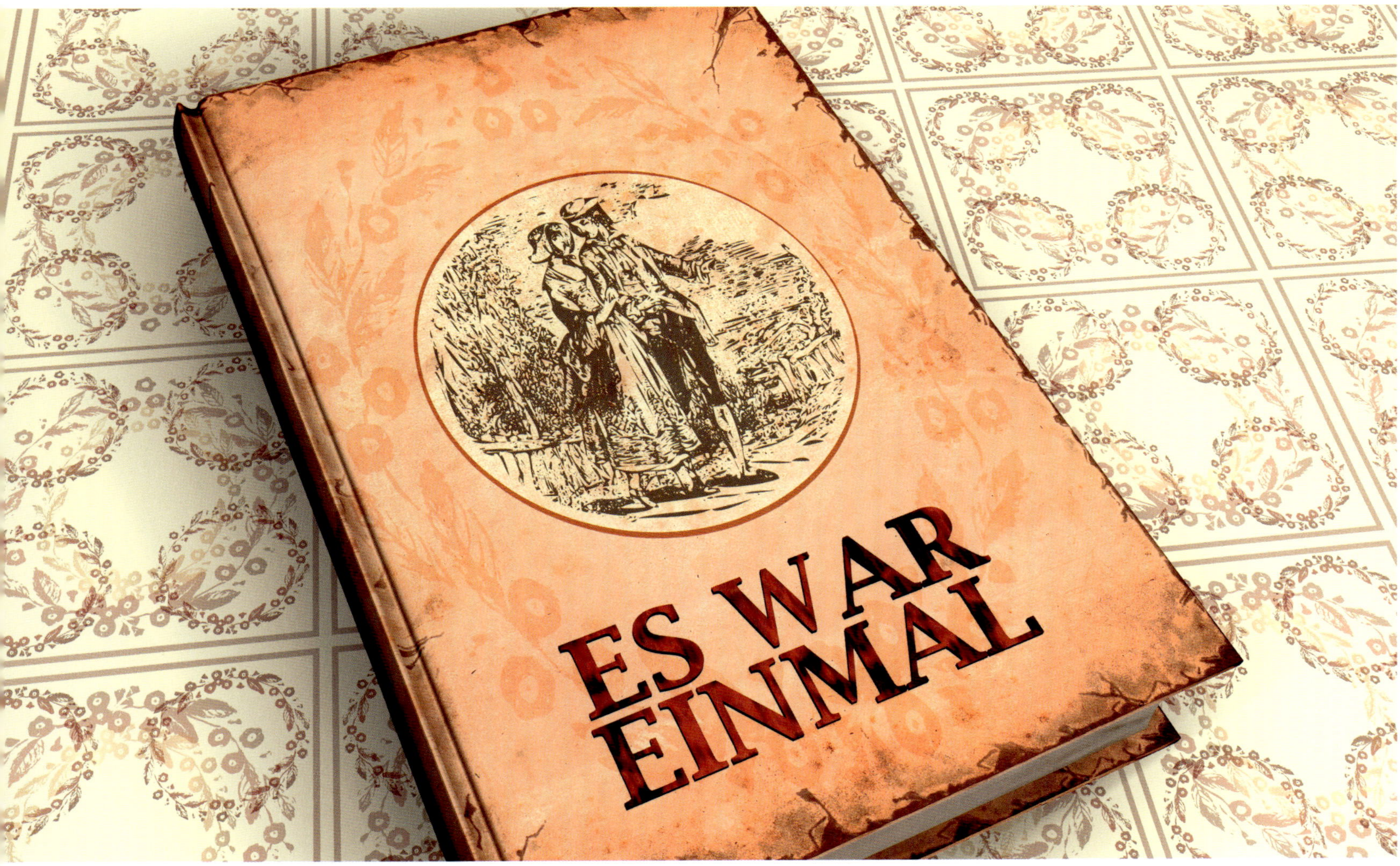

Storytelling ist in aller Munde, und trotzdem kräuseln viele die Stirn, wenn sie das Wort hören, und fragen: Was eigentlich ist Storytelling? Es ist nichts anderes als das, was die Gebrüder Grimm schon im 17. Jahrhundert praktizierten. Sie erzählten Geschichten. Mit Stoff und Spannung und wortreicher Geste. Das alles haben sie um den Kern der Information gesponnen und heute machen die Manager und Marketer nichts anders. Sie umhüllen ihre Daten und Fakten mit unterhaltsamen Worten. Storytelling ist also keine Modeerscheinung, die Mitte der 1990er-Jahre aus den USA zu uns herüberschwappte, sondern ein probates Instrument der Kommunikation.

ES IST EIN KAUFTREIBER, EIN SPURENLEGER IM KUNDENGEDÄCHTNIS. ES BESCHERT UNS GEFÜHLVOLLE MOMENTE.

Code scannen für Moodfilm auf YouTube

Denken Sie an die Werbung von British Airways: „A Ticket to Visit Mum.“ Vor vielen Jahren brach ein junger Inder auf, um in New York zu studieren. Er nimmt die Szenen seiner Kindheit mit. Seine Gedanken an die Farbenpracht Mumbais, an die Gerüche von Blüten und Gewürzen, an das unsortierte Treiben auf den Straßen machen ihn stark in einer fremden Welt. Aber all seine lebendigen Erinnerungen ersetzen eines nicht: Es bleibt die Sehnsucht nach seiner Mutter.
Derart versunken in Tagträume, erscheint Indien plötzlich nah. Kurz entschlossen kauft er – wie kann es anders sein – ein British-Airways-Ticket. Eine Lotusblüte öffnet sich und mit ihr die Haustür in Mumbai. Das Ganze ist hoch emotional und weckt bei jedem Zuschauer garantiert das Bedürfnis, zum Hörer zu greifen und seine Lieben anzurufen – oder gleich ein Ticket zu buchen.

VERRÜCKT, EMOTIONAL, INNOVATIV MUSS SIE SEIN, UNSERE KAMPAGNE.

Vielleicht werden Sie an dieser Stelle einwenden: „Ja, aber das gab es doch alles schon einmal!“, oder: „Was kann ich noch oben draufsetzen?“ Und falls Ihnen etwas einfällt: „Was passiert, wenn das zu gewagt, zu riskant erscheint?“ Beginnen wir mit Frage eins. Die Antwort lautet, dass Sie immer etwas finden können, was noch nicht da war.

Werbung machen ist wie Auto fahren: Sie müssen ausscheren, um zu überholen.

Jeannine Halene

03 NEWLANDS

Ein einfaches Beispiel aus der Modewelt: Der Modedesigner Nicola Formichetti verhilft der damals noch eher unbekannten Lady Gaga mit nur einem Outfit zum Megaerfolg.
2010 kreierte er für sie das legendäre „Fleischkleid“. So etwas war noch nie da: ein Kleid aus rohem Fleisch – igitt! Lady Gaga genoss es, denn so viel PR wie nach diesem Auftritt hatte sie nie zuvor.

WIE SIE SEHEN, ES FINDET SICH IMMER ETWAS NOCH NIE DAGEWESENES.

Ideen sind eine Frage von Kreativität, vom Trainieren der rechten Gehirnhälfte. Dazu summiert sich eine selbstbewusste Leichtigkeit, um verrückte Ideen in die Welt zu lassen. Beides, Kreativität und Leichtigkeit, haben wir verlernt. In der Schule. Im Beruf. Im Alltag. Fragen Sie mal in eine Runde mit 20 kleinen Kinder hinein: „Könnt ihr malen?“ 20 Arme fliegen hoch, begleitet von einem ausgelassenen „Jaaa!“. Und was, glauben Sie, passiert, wenn diese 20 Menschen sich 20 Jahre später wiederfinden? Wie wird die Reaktion auf die gleiche Frage sein? Genau – Schweigen macht sich breit. Maximal zwei heben zögerlich die Hand. Wo, bitte schön, ist das Selbstvertrauen, die Lust aufs Probieren, die Freude auf Spontaneität geblieben?
Gesellschaftliche Normen schärfen uns ein, dass Malen und Basteln ein Verfallsdatum haben. Diesen Glaubenssatz nennen wir „das Erwachsenen-Verlernphänomen“. Die Wahrheit aber lautet: Heute benötigen wir all die Kreativität, um Karrieren zu gestalten und dem Alltag Farbe zu geben. Wie sonst erklärt sich die Suche nach immer neuen Businessideen, nach einem nächsten Mark Zuckerberg?

DER TREND IN UNSERER ARBEITSWELT GEHT IN RICHTUNG UNTERNEHMERTUM.

Und dazu, das ist kein Geheimnis, brauchen wir den Einklang aus linker und rechter Gehirnhälfte, aus Wissen und Kreativität.

Zurück zum Marketing und zur Frage zwei. Nehmen wir an, Sie haben Ihre verrückte Idee gefunden. Wie hoch ist das Risiko, doch zu scheitern? Diese Frage impliziert zunächst nur eines, nämlich dass Sie für sich ein Scheitern definieren müssen. Wir kennen viele Unternehmen, die sich darüber aufregen, dass ihr Firmenname in der Presse falsch geschrieben ist, dass Produkte nicht haargenau erklärt werden. Natürlich ist das schade und ein wenig ärgerlich, aber viel wichtiger bleibt doch: Die Presse schreibt über Sie. Hier gilt der alte Spruch:

BESSER SCHLECHTE PRESSE ALS GAR KEINE.

In unserem Fleischkleid-Beispiel regnete es eine Menge negativer Presse. Die Zeitungen titelten: „Lady Gaga schockiert mit Kleid aus echtem Fleisch" oder „Gaga gut abgehangen". Mag der Auftritt auch grenzwertig gewesen sein, der Karriere hat's nicht geschadet. Im Gegenteil. Innovativ zu sein und außergewöhnliche Wege zu gehen, ist allerdings nicht neu. 85 Prozent aller mittelständischen Unternehmen behaupten sich aus nur einem Grund langfristig am Markt: Sie besitzen innovative Produkte, die sie von den Mitbewerbern differenzieren. Diese Tatsache ist auf Kampagnen 1:1 übertragbar. Finden Sie also Ihren Weg raus aus der Normalität und trauen Sie sich was. Denn: Awareness ist alles! Ihr Kunde wird es Ihnen honorieren – denn auch er ist im Alltagstrott gefangen. Sein Autopilot im Kopf dreht sich immer um die gleichen Themen, läuft immer auf den gleichen Spuren.

DAS IST IHRE CHANCE. STÖREN SIE DEN AUTOPILOTEN IHRES KUNDEN MIT KURIOSEN IDEEN, DIE DIVERGENT SIND.

03 WOW-EFFEKT

GERMANYS NEXT TOPIDEE: IMMER AUF DER SUCHE NACH DEM NÄCHSTEN WOW-EFFEKT!

Nur: Leider werden wir in unserer heutigen Welt dazu erzogen, gerade nicht kreativ zu sein.

Und langsam, aber sicher verlernen wir diese Gabe. Zum Glück gibt es Profis. Zahlreiche Kreativagenturen sorgen Tag für Tag dafür, dass Unternehmen nicht im Mittelmaß versinken.

MAN MUSS ALS UNTERNEHMEN ZUNÄCHST ZWEI DINGE MITBRINGEN, UM KREATIVITÄT ZUZULASSEN: TOLERANZ UND MUT.

Toleranz, weil Ideen sich häufig zu Beginn noch nicht als fertiges Bild präsentieren. Sie entstehen vielmehr beim Brainstorming im Team. Einer ruft eine Idee in den Raum. Vielleicht klingt sie anfangs albern. Völlig unreflektiert nimmt ein Kollege diese Idee auf, denkt sie weiter. Der nächste verpasst ihr dann den letzten Schliff.

Wie viele Ideen würden auf dem sogenannten „Ideenfriedhof" landen, würde Offenheit fehlen? Kreatives Denken ist ein Spiel. Es lässt die Strenge vor der Tür und die hinderlichen Glaubenssätze sowieso. Später bei der Auswahl aus der Sammlung kann man die Frage stellen: „Ist das Kunst oder kann das weg?"

Übrigens ist es nicht wichtig, ob die Idee Ihren persönlichen Geschmack oder den Ihres Vorgesetzten trifft. Sie muss bei der richtigen Zielgruppe punkten.

Und damit sind wir beim Mut. Den brauchen Sie, wenn es an die Durch- und Umsetzung geht. Es wird immer Leute geben, die bedenklich den Kopf wiegen: „Oh, das ist aber gewagt." Oder sie lamentieren: „Was ist, wenn das schiefgeht?" Setzen Sie sich über solche Einwände selbstbewusst hinweg.

WER NICHT WAGT, DER NICHT GEWINNT.

03 WOW-EFFEKT

> „Think different."
>
> Apple

DIESEN CLAIM HATTE DIE FIRMA APPLE EINEM GENIALEN SPOT BEREITS 1997 VERPASST.

FÜR UNS EINE ODE DER KREATIVITÄT:

Here's to the crazy ones.
The misfits.
The rebels.
The troublemakers.
The round pegs in the square holes.
The ones who see things differently.
They're not fond of rules.
And they have no respect for
the status quo.
You can quote them, disagree with
them, glorify or vilify them.
About the only thing you can't
do is ignore them.
Because they change things.
They push the human race forward.
And while some may see them
as the crazy ones,
we see genius.
Because the people who are
crazy enough to think
they can change the world,
are the ones who do.

An alle, die anders denken:
die Rebellen,
die Idealisten,
die Visionäre,
die Querdenker,
die, die sich in kein Schema pressen lassen,
die, die Dinge anders sehen.
Sie beugen sich keinen Regeln, und sie haben
keinen Respekt vor dem Status quo.
Wir können sie zitieren, ihnen widersprechen,
sie bewundern oder ablehnen.
Das Einzige, was wir nicht können,
ist, sie zu ignorieren,
weil sie Dinge verändern,
weil sie die Menschheit weiterbringen.
Und während einige sie
für verrückt halten,
sehen wir in ihnen Genies.
Denn die, die verrückt genug
sind zu denken,
sie könnten die Welt verändern,
sind die, die es tun.[4]

[4] Text Apple-TV-Spot von 1997, Quelle: Wikipedia

”

Visionen wirken stärker als Dynamit.

Wolfgang Berger

03 WOW-EFFEKT

Letztlich gilt: Wir bekommen die Kreativität, die wir verdienen. Sind wir offen für Innovatives, für Außergewöhnliches, wagen wir uns auch einmal bis zum Rand der Klippe vor, um zu sehen, wie die Wellen schäumen? Dann erweitern wir unseren mentalen Horizont.
Ein kleines Beispiel aus dem Agenturalltag der Fan Factory belegt dies: Die Art-Direktoren laden einmal im Monat zum Meeting unter dem Motto „Crazy Shit and other mad Stuff" ein. Jeder redet über verrückte Dinge, die er erlebt oder entdeckt hat. Es gibt keine Vorgaben. Jeder stellt seine Filter im Gehirn auf durchlässig und seine Laune auf heiter. Und das Schöne daran ist: Es bringt was. Zum einen Motivation und zum anderen gute Ideen.
Ein weiteres Beispiel gefällig? Der Schüleraustausch für die Art-Direktoren. Die Kreativen schnuppern in befreundeten Agenturen wechselseitig fremden Wind und fangen Ideen auf. Was das bringt? Sie ahnen es – kreative Impulse und eine Win-win-Situation für beide Seiten.

KREATIVITÄT IST EIN KONTINUIERLICHER TRIEB, SPUREN ZU HINTERLASSEN.

Und zum Glück stellen wir fest, dass sich die Kreativen genau so verhalten. Sie sind nicht angepasst. Kern ihrer Arbeit ist es, das Vertraute als fremd zu betrachten, um so einen Raum für geniale Ideen zu schaffen, die geradewegs auf die Aufmerksamkeit zielen. Kreativität setzt sich also aus zwei Teilen zusammen: aus der Persönlichkeitsstruktur ihrer Macher und aus dem Wissen um die Methoden.

Und manchmal schlägt er ein, der Geistesblitz, den schon die alten Griechen schätzten. Dann hält der Heureka-Moment die Uhr für Sekunden an, und jeder im Meeting weiß: Das ist der Durchbruch, das ist die bahnbrechende Idee.

IN EINER STUDIE WURDEN 404 KREATIVE BEFRAGT, WO IHNEN DIE BESTEN IDEEN KOMMEN UND WAS SIE AM MEISTEN INSPIRIERT.

Hier ist das Ergebnis[5]:

[5] Quelle: iStock-Studie 2013, Umfrage von Kreativ-Profis

03 WOW-EFFEKT

Zum Schluss sehen wir hinüber zu den sogenannten Gold-Ideen. Diese werden in Auftrag gegeben, um bei Awards zu punkten. Auch das ist eine Art der Aufmerksamkeit. Wirklich lebensfähig werden die Ideen allerdings nur, wenn sie später jenseits von Hochglanzformaten mit praktischen Erfolgen blinken.

WIR LERNEN ALSO: IDEEN SIND DIE WÄHRUNG VON MORGEN – ERFOLGREICHE IDEEN SIND UNBEZAHLBAR.

Übrigens: Kennen Sie den Begriff „Camp“? Der stammt aus der Kunst, wurde verwendet zu Zeiten des Dandytums an der Schwelle zum 20. Jahrhundert.

Wikipedia definiert ihn so: „Camp ist eine stilistische überpointierte Art der Wahrnehmung von kulturellen Produkten aller Art, die am Künstlichen und der Übertreibung orientiert ist.“[6]

Kunst war schon immer streitbar, liebte es, sich gegen den Mainstream aufzulehnen. Und forschen wir weiter, sehr viel weiter zurück, so ist dieses Bestreben so alt wie die Menschheit selbst. Die Kunst gab dem Drang nach Neuem, nach Außergewöhnlichem einen Namen. Camp. Der ist nahezu in Vergessenheit geraten. Wir finden dieses Wort noch heute sehr passend.

LET´S CAMP!

[6] http://de.wikipedia.org/wiki/Camp_(Kunst), 26.5.2014

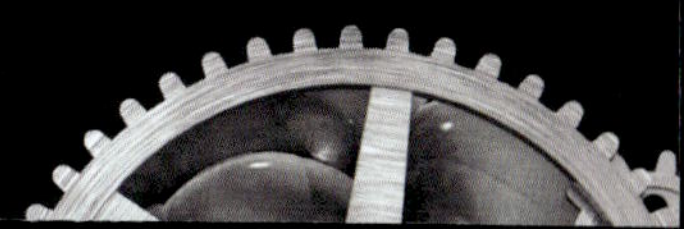

04

BEST

04 BEST PRACTICE

LERNEN VON DEN BESTEN – OTHERS HAVE GREAT IDEAS TOO.

Es gibt Werbestrategien außerhalb des Einheitsbreis. Wir zeigen sie Ihnen, damit Sie mit Persönlichkeit und Design punkten.

DIESE BEISPIELHAFTEN KAMPAGNEN UND IDEEN RAGEN AUS DER MASSE HERAUS – UND SIND ÜBERDURCHSCHNITTLICH ERFOLGREICH. DENN SIE SIND ANDERS.

Wir sind sicher: Langfristig wird sich die berühmte „Mitte“ auflösen. Das sagen zumindest Konsumforscher. Dieses Szenario lässt sich auch auf mittelmäßige Ideen und Kampagnen der Unternehmen übertragen.

Also demontieren Sie gelernte Muster, und haben Sie den Mut, schon heute anders zu wirken als die anderen.

„Es ist reine Zeitverschwendung, etwas nur mittelmäßig zu tun.“
Madonna

LASSEN SIE SICH VON DEN FOLGENDEN BEISPIELEN INSPIRIEREN.

UMDENKEN IST SCHWIERIG – ABER ES LOHNT SICH!

Ein Engel im Himmel fällt niemandem auf.

George Bernard Shaw

4.1

BRANDS

ROT UND WEISS

EINE GANZE WELT IN ROT UND WEISS

Der Ketchup-Hersteller Heinz verwandelte eine Lounge im Stadion des 1. FSV Mainz 05 in eine Imbissbude. Passend zu den Farben des Vereins.

DIE IDEE

Was haben der 1. FSV Mainz 05 und der Ketchup-Gigant Heinz gemeinsam? Richtig. Zwei Grundfarben als Erkennungswert: Rot und Weiß. Auch phonetisch klingen die beiden Namen sehr ähnlich. Genau diese Tatsache nutzten die Kreativen. Sie gestalteten eine Heinz-Lounge im Mainzer Stadion und initiierten damit die perfekte Verschmelzung von Verein und Marke. Von der Atmosphäre bis zur Ausstattung stimmt jedes Detail: Fußball-Sitzsäcke mit Dutzenden Autogrammen, Trikots, Schals, Fotos, Grillschürzen, Zubehör und als Ketchupflaschen gestaltete Sektflaschen.

DAS BESONDERE

Heinz baut sich eine treue Fan-Base auf und schafft es, die Marke erlebbar zu machen.

Fakten:

Was?
Logen-Branding

Wer?
Heinz Ketchup

Wo?
Mainz, Deutschland

Wann?
September 2012

ERGEBNIS

- Tausende begeisterte Fans
- Schnelle Verbreitung über Social Media
- Viele Firmenanfragen zum Mieten der Lounge

EINFACH BUNT

RENOVA – TOILETTENPAPIER PASSEND ZUM BADEZIMMER

Toilettenpapier als Exportschlager: Die portugiesische Firma Renova brachte im Jahr 2005 farbiges Toilettenpapier auf den Markt – und beschäftigt dank dieser Marktlücke heute über 650 Menschen.

DIE IDEE

Auf diese Raffinesse hat der Markt anscheinend gewartet – buntes Toilettenpapier. Was zunächst das Lieblingsobjekt internationaler Wohndesign-Messen war, ist mittlerweile in 70 Ländern im Supermarkt erhältlich. Das Leben ist bunt, dachte sich das Unternehmen, und erweiterte sein Sortiment stetig: um Taschentücher, Servietten, Küchenrollen und Kosmetiktücher. Ein Schnäppchen ist das exklusive Papier jedoch nicht – sechs Rollen gibt es ab vier Euro.

DAS BESONDERE

Renova hat eine Marktlücke geschlossen, weil es vorwärtsdachte, sich über das Mittelmaß hinauswagte. Die Gedanken sind bunt – das Toilettenpapier seither auch. Mit dieser simplen Idee führte das Unternehmen die portugiesische Papierindustrie aus der Krise.

Fakten:

Was?
Toilettenpapier

Wer?
Renova

Wo?
Portugal

Wann?
Seit 2005

ERGEBNIS

Toilettenpapier im Wert von 135 Mio. € verkauft

- 650 Angestellte
- Umsatz verdoppelt
- Exporte der portugiesischen Papierindustrie + 40 %

RETTET DIE EISBÄREN

MELTDOWN – DAS BRETTSPIEL, DAS SCHMILZT

Die Erde erwärmt sich. Und das hat Folgen. Das Magazin *GEOlino* ließ ein Brettspiel entwickeln, um Kinder spielerisch für das Thema Klimawandel zu sensibilisieren.

DIE IDEE

Wer schafft es, die Eisbärenfamilie aus dem ewigen Eis auf das sichere Festland zu bringen? Eile ist geboten, denn die echten Eisschollen schmelzen schnell. Ausgestattet mit Formen fürs Eisfach und einem schwammartigen Spielfeld, der das Schmelzwasser aufnimmt, vermittelt das Spiel den Kindern: Wenn die Temperatur steigt, schmilzt das Eis und die Eisbären geraten in Gefahr. „Meltdown“ wurde für das Wissenschaftsmagazin für Kinder – *GEOlino* – entwickelt und richtet den Blick der Kleinen auf die Folgen der Erderwärmung.

DAS BESONDERE

Hier entsteht Aufmerksamkeit durch Spiel und Aktion. Ein Brettspiel in dieser Art gab es vorher noch nicht. Es veranschaulicht plastisch, was jeden Menschen auf unserem Planeten beunruhigen sollte.
Die Resonanz war überwältigend.

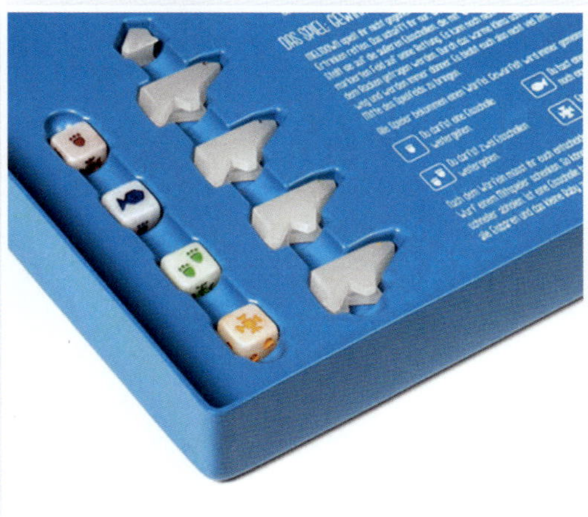

ERGEBNIS

- Die erste Auflage des Spiels war für ausgewählte Schulen bestimmt
- Viele Anfragen von Schulen, Eltern, Umweltorganisationen und Bloggern weltweit
- Sehr großes Medieninteresse
- Das Spiel wird demnächst im Handel erhältlich sein

Fakten:

Was?
Brettspiel

Wer?
GEOlino

Wo?
Deutschland

Wann?
2013

Perfektion ist Zeitlupe, Fantasie ist Lichtgeschwindigkeit.

Hermann Scherer

ÖKO ZAHLT SICH AUS

MIT VEGETARISCHEM BROTAUFSTRICH ZUM MILLIONENUNTERNEHMEN

Als Susanne Schöning 1979 am heimischen Herd experimentierte, hätte sie sich nicht träumen lassen, was für einen Erfolg ihre Brotaufstriche einmal haben sollten.

DIE IDEE

Jede Idee braucht einen Antrieb. Bei Susanne Schöning waren es eine leere Haushaltskasse und die Freude am Essen jenseits von Wurst und Käse. Also stellte sie sich an den Herd und mixte einen neuen Brotaufstrich – den Zwiebelschmelz. Das war der Beginn der Erfolgsgeschichte des Unternehmens Zwergenwiese. Mittlerweile ist das Sortiment auf über 100 verschiedene Brotaufstriche, Senfspezialitäten, Tomatensaucen und Fruchtaufstriche angewachsen. Die Zutaten sind damals wie heute zu 100 Prozent aus biologischem Anbau. Nur die Töpfe sind etwas größer geworden.

DAS BESONDERE

Qualität setzt sich durch. Seit 35 Jahren produziert Zwergenwiese auf gleiche Art und Weise. Besonders in der heutigen Zeit, in der viele Menschen verstärkt auf ihre Ernährung achten, verkaufen sich diese Produkte unglaublich gut. Manche Trends werden eben doch zum Dauerbrenner.

Fakten:

Was?
Brotaufstrich

Wer?
Zwergenwiese

Wo?
Silberstedt, Deutschland

Wann?
Seit 1979

ERGEBNIS

Mehr als 10 Mio. € Jahresumsatz

- Innovations- und Marktführer vegetarischer Brotaufstriche
- Mehr als 80 Mitarbeiter

KOCHBUCH ZUM ESSEN

DAS ERSTE ESSBARE KOCHBUCH DER WELT

Der Gerstenberg Verlag nimmt den Begriff „Kochbuch“ wörtlich – und bringt das weltweit erste essbare Kochbuch auf den Markt.

DIE IDEE

Eigentlich war das Kochbuch für Geschäftspartner gedacht. Aber es kam anders. Denn schnell sprach sich herum, was außergewöhnlich war: ein Buch aus Nudelteig nach Lasagne-Art. Es kann gebacken, gefüllt, aufgegessen oder dekoriert werden. Das war ein Novum. Die Produktion gestaltete sich übrigens schwieriger als geplant. Wochenlang wurde herumprobiert und nach der optimalen Nudelplatte gesucht, die der Buchpresse standhält. Die Resonanz war überwältigend. Nicht nur die Geschäftspartner, auch Kunden wollten das Kochbuch. Der Verlag reagierte schnell und nahm es ins Sortiment auf. Guten Appetit!

DAS BESONDERE

Das anfangs als Marketing-Tool entwickelte Kochbuch hat sich zu einem eigenständigen Produkt entwickelt, das sich verkaufen lässt. Hier stimmt die Semantik, hier spielt ein Buch mit Assoziationen.

ERGEBNIS

- Die erste Auflage war innerhalb kürzester Zeit ausverkauft
- Riesiges mediales Interesse
- Image des Verlags hat sich von „konservativem Traditionshaus“ zu kreativem Publisher gewandelt

Fakten:

Was?

Essbares Kochbuch

Wer?

Gerstenberg Verlag

Wo?

Hildesheim, Deutschland

Wann?

2012

PIN-UP-PRIESTER

EIN KALENDER MIT KATHOLISCHEN PRIESTERN WIRD ZUM BESTSELLER

Der Hobbyfotograf Piero Pazzi bringt seit 2004 den „Calendario Romano“ heraus. Jährlich verkauft er davon Zehntausende Exemplare.

DIE IDEE

Der Kalender ist der Bestseller in römischen Souvenirshops. Doch hinter dem Deckblatt finden sich nicht nur katholische Pin-up-Priester, sondern auch Tipps für Touristen und jede Menge interessanter Informationen zur Geschichte, Geografie und Regierung des Vatikans. So wird der Kalender gleichzeitig zum Reiseführer durch den Kirchenstaat. Die Models auf dem Deckblatt findet der Fotograf nicht nur im Vatikan, vielmehr fragen Priester aus der ganzen Welt an, um sich für den Kalender ablichten zu lassen. 2015 sollen auch Nonnen einen eigenen Kalender erhalten.

DAS BESONDERE

Ein eher dröges Thema wird zur Fotokunst mit einem hohen Informationsgehalt. Das erregt Aufmerksamkeit.

ERGEBNIS

Mehr als
10.000
verkaufte Kalender
pro Jahr

- Großes mediales Interesse
- Bestseller der römischen Souvenirshops
- Für 2015 ist ein Nonnenkalender geplant

Fakten:

Was?
Kalender, Reiseführer

Wer?
Vatikan

Wo?
Rom, Italien

Wann?
Seit 2004

”

*Stil ist,
eine Identität
zu erwerben,
nicht ein Label.*

Tom Ford

ONLINESOMMELIER

GARY VAYNERCHUK – UNTERNEHMER, AUTOR UND SELFMADE-SOMMELIER

Er will der verstaubten Wein-Community eine frische Stimme geben und sämtliche Missverständnisse beseitigen, die Menschen am Weingenuss hindern – das macht er erfolgreich.

DIE IDEE

Er selbst sagt von sich, dass er als Unternehmer geboren wurde. Als er mit acht Jahren gelernt hatte, wie man eine Zitrone auspresst, machte er gleich sieben Limonadenstände in seiner Nachbarschaft auf. Manchmal scheint Unternehmergeist angeboren. Vaynerchuk wuchs im Weingeschäft seiner Eltern auf und gründete 1997 WineLibrary.com. Damit steigerte er den Umsatz des Familienunternehmens innerhalb weniger Jahre von drei auf 45 Millionen Dollar. 2006 gründete er WineLibraryTV.com. Dieser Videoblog wird täglich von über 100.000 Usern gesehen. Durch sein unkonventionelles Auftreten, seine Leidenschaft und seine Art, über Weine zu sprechen, hat Vaynerchucks Weinblog Kultstatus. Der Weinguru im Internet ist auf einem guten Weg, die Weinwelt zu verändern und damit seine Mission zu erfüllen.

DAS BESONDERE

Gary Vaynerchuk hat sich eine Aufgabe gestellt und sich durch sein Wirken und Engagement selbst zur Marke gemacht. Mit Kultstatus verkaufen sich Bücher sehr gut, das durfte er erfahren. Auch als Redner wird er oft und gerne gebucht.

Fakten:

Was?

Weinhandel

Wer?

WineLibrary

Wo?

New Jersey, USA

Wann?

Seit 1997

ERGEBNIS

Täglich mehr als
100.000
Views
des Videoblogs

- Großes Interesse der Medien: TV-Auftritte, Berichte, Artikel
- Gute Verkaufszahlen seiner Bücher
- Viele Buchungen als Redner
- Umsatzsteigerung von 3 auf 45 Mio. Dollar

SCHLAFEN WIE DRACULA

Propeller Island City Lodge ist ein kunterbuntes Hotel mitten in Berlin mit außergewöhnlichem Konzept: Alle 27 Zimmer sind thematisch unterschiedlich eingerichtet.

DIE IDEE

Wer Gruseliges mag, der schläft im Sarg mit geschlossenem Deckel. Keine Panik: Luft fließt durch Löcher in Kreuzform. Das Zimmer heißt Gruft und die Ausstattung wirkt skurril. Das verspricht ein Happening, das man nicht so schnell vergisst. Und genau darum geht es: um Eindrücke jenseits alltäglicher Hotelkategorien.

ERGEBNIS

- Internationale Anfragen und Buchungen aus der ganzen Welt
- Das schräge Hotel ist fast immer ausgebucht

FÜR DIE WEINLIEBHABER

Da hat sich Großvater Ohlig was ganz Verrücktes ausgedacht: Seine alten Weinfässer sind heute ein Hotel.

DIE IDEE

Wer es von der Drosselgasse in Rüdesheim nicht mehr nach Hause schafft, kann direkt im Weinfass schlafen. Jedes Fass hat zwei Betten und trägt den Namen einer Rheingauer Weinbergslage. Na dann mal Prost!

ERGEBNIS

- Seit der Eröffnung des Weinfass-Hotels zieht Rüdesheim noch mehr Touristen an

ZEIT IST GELD

UNSCHEINBAR IM HIPSTER-QUARTIER: CAFÉ ZIFERBLAT VERKAUFT DIR ZEIT

Der letzte Schrei an der Themse: ein Café, in dem man nur für den Aufenthalt bezahlt. Sein Besitzer hat die Idee aus Russland importiert.

DIE IDEE

Ein Aufenthalt im Ziferblat kostet drei Pence pro Minute, umgerechnet etwa 2,10 Euro pro Stunde. Für Spenden steht eine Keksdose bereit. Aus einer alten Stereoanlage, verbunden mit einem Laptop, dröhnen Schlager und hin und wieder ein russisches Liedchen. Schließlich stammt Ziferblat-Mitbesitzer und Gründer Ivan Mitin nicht nur aus Moskau, sondern hat dort und in der Ukraine neun weitere Ziferblats aufgebaut.

DAS BESONDERE

Neben Starbucks und all den anderen Coffeeshop-Ketten bietet Ziferblat endlich ein Konzept, das die Leute zusammenbringt und Werte schafft, indem es den Fokus auf eine erschöpfliche Ressource lenkt: auf die Zeit. Die Idee ist so verrückt, dass sie schon wieder gut ist.

ERGEBNIS

- **Das erste Café war so erfolgreich und zog so unglaublich viele Menschen an, dass diese Geschäftsidee neben England nun auch in andere Länder exportiert wird**

Fakten:

Was?

Konzeptgastronomie

Wer?

Café Ziferblat

Wo?

Moskau, Russland
London, England

Wann?

2013

Sie brauchen keine Kunden – Sie brauchen Fans!

Jeannine Halene

FAIR UND EHRLICH

EIN UNGEWÖHNLICHES KONZEPT

Arthur Potts Dawson gründete den „People's Supermarket“, um zu zeigen: Es gibt eine Möglichkeit, unabhängig von der Versorgung durch die Lebensmittelkonzerne zu sein.

DIE IDEE

„The People's Supermarket" ist zu einer Gemeinschaft geworden. Für 25 britische Pfund kann man Mitglied werden und erhält 10 Prozent Rabatt auf seine Einkäufe. Gleichzeitig verpflichtet man sich, vier Stunden im Monat ehrenamtlich im Laden zu arbeiten. Statt sich von den Großkonzernen beeinflussen zu lassen, bestimmen die Kunden selbst, was in die Regale kommt. Tolle Idee, Mr. Dawson!

DAS BESONDERE

Das Erfolgsgeheimnis: Dieser Ansatz kehrt zurück zu früheren Werten. Es entsteht derzeit eine neue Generation, die sich wieder auf das besinnt, was wirklich zählt, und die Konsumgesellschaft links liegen lässt.

Fakten:

Was?
Konzept & Branding

Wer?
The People's Supermarket

Wo?
London, England

Wann?
Mai 2010

ERGEBNIS

- Mitglieder im Februar 2012: 1.000
- Mittlerweile zwölf Festangestellte
- Großes mediales Interesse und viel Online-PR

4.2

OUT OF HOME

”

Ich habe kein Marketing gemacht. Ich habe immer nur meine Kunden geliebt.

Zino Davidoff

DER RICHTIGE SCHWUNG!

GOLF DIGEST – WERBUNG FÜR GOLFSTUNDEN

Großartig: die Guerilla-Ambient-Kampagne anlässlich der Omega Dubai Dessert Classic 2011.

DIE IDEE

Um sich bei Golf-Enthusiasten ins Gedächtnis zu rufen und um den Magazinverkauf anzukurbeln, erinnerte *Golf Digest* an das, was jeden Spieler umtreibt: den perfekten Golfschwung. Während der Omega Dubai Desert Classic 2011, so dachten sich die Kreativen, ist alles auf jenen kleinen weißen Ball fokussiert, der die Welt bedeutet. Also klebten sie kurzerhand Golfbälle an die Autoscheiben. Mit dieser Ambient-Aktion warben sie um Leser. Die Botschaft war klar: *Golf Digest* hilft, das Handicap zu verbessern.

DAS BESONDERE

Die Aktion fällt auf, denn der Schockeffekt einer zersprungenen Autoscheibe lässt selbst den passioniertesten Golfspieler nicht kalt.

ERGEBNIS

Nach der Aktion wurden die Verkäufe um **200%** erhöht!

- 476 Fahrer wurden während des viertägigen Events mit der Aktion „konfrontiert“
- Die Aktion war Gespräch des Tages und wurde nicht nur von Mund zu Mund, sondern auch viral über das Internet verbreitet

Fakten:

Was?
Guerilla-Ambient-Aktion

Wer?
Golf Digest Magazin

Wo?
Dubai, Arabische Emirate

Wann?
September 2011

Code scannen für Moodfilm auf YouTube

SAUBERES MARKETING

CAR WASH PARK – SCHMUTZIGE WERBUNG FÜR SAUBERE KUNDEN

Car Wash Park putzt einen Sparcoupon für die nächste Autowäsche auf dreckige Scheiben. Wie das geht? Ganz einfach: mit einer Schablone.

DIE IDEE

In São Paulo gibt es mehr als 500 Autowaschanlagen. Wie also kann man herausstechen aus dem Einerlei? Car Wash Park hatte eine Idee: Das Unternehmen rief eine dreckige Aktion ins Leben und verführte Autobesitzer zum Waschen. Mit einem Gutschein auf schmutzigen Scheiben. Wer mit dem Gutschein auf der Scheibe zum Car Wash Park fuhr, erhielt 50 Prozent Rabatt.

DAS BESONDERE

Eine schlichte Idee ohne großen Kostenaufwand wird zum Hingucker. Das bescherte dem Unternehmen große Sympathien und eine volle Waschstraße.

Fakten:

Was?
Guerilla-Ambient-Aktion

Wer?
Car Wash Park

Wo?
São Paulo, Brasilien

Wann?
März 2013

ERGEBNIS

20%
mehr Autowäschen nach der Aktion

- 77 neue Autowäschen in einem Monat
- 20 % Zuwachs fast ohne Investition

AUFGEPOPPT

BEGEHBARER SCHUHKARTON

Zum 50. Geburtstag des bekannten „Stan Smith“-Modells eröffnete Adidas einen Pop-up-Store in Form eines Schuhkartons in Londons Shoreditch District. Begleitet wurde das dreitägige Event von diversen Aktionen und der Möglichkeit, eine limitierte Version des beliebten Schuhs zu kaufen. Pop-up-Stores in weiteren Großstädten Europas folgten. Die Aktion zog Massen von Passanten und Fans der Marke an.

GUITAR HERO

Die meisten Gitarren-(Musikinstrumente)Läden haben ihren eigenen Charme. Sie leben von der Persönlichkeit ihrer Besitzer und der Auswahl an Instrumenten. „The Guitar Store“ in Southampton/England hinterlässt mit seiner ganz besonderen Fassade in der Optik eines Fender-Verstärkers einen bleibenden Eindruck. Weltweit einmalig. Die Verstärkeroptik ist außerdem Eyecatcher der Shop-Website. Schön. Auffällig. Wirkt!

GIANT DIOR BAG

Normalerweise werden Bauzäune mit Hinweisen wie „Opening soon!“ oder „Hier entsteht ein neuer Store“ beklebt. Aber wer will schon normal sein? Während der Renovierung des Christian Dior Store auf der 57th Street in New York wurde der „Bauzaun/Sichtschutz“ als Dior-Handtasche gestaltet. Ein echter Hingucker.

Die kleinsten Ideen
werden die
größten sein.

Bevor wir fallen, fallen wir lieber auf.

Die Fantastischen Vier

HOCH HINAUS

ARE YOU IN GOOD HANDS? – FRAGT DIE ALLSTATE-AUTOVERSICHERUNG

Da guckt man schon zweimal hin!
Mit dieser Ambient-Werbung irritierte die Allstate-Versicherung Kunden und Passanten.

DIE IDEE

Auf der Kippe: In den offen gestalteten Marina Towers in Chicago platzierte die Autoversicherung Allstate ein Auto, das weit über den Rand hinaus in die Luft ragte. Darunter war zu lesen: Are you in good hands? Eine Aktion zum Hinsehen und Staunen. Ein TV-Spot rundete diese Guerillaaktion ab.

DAS BESONDERE

Drama & Action? Funktioniert! Der aufwendig produzierte Spot erreicht zweierlei: Verwirrung und Aufmerksamkeit. Beides kurbelt das Erinnerungsvermögen an.

ERGEBNIS

Danach mehr als **100.000** Views bei YouTube bis heute

- 28,7 % mehr Abschlüsse im Monat nach der Aktion
- Große TV-Coverage lokal und international
- Starke virale Verbreitung & Buzz

Fakten:

Was?
Guerilla-Ambient-Aktion

Wer?
Allstate Insurance

Wo?
Chicago, USA

Wann?
September 2010

Code scannen für TV-Spot auf YouTube

UMGEBUNGSKÜNSTLER

ABKÜHLUNG GEGEN GLOBAL WARMING

Für die Umweltinitiative der weltweit ersten klimaneutralen Bank der Welt, „HSBC“, wurde diese Ambient-Aktion entwickelt: Auf dem Grund eines Schwimmbades klebte das Bild einer Stadt, sichtbar aus der Vogelperspektive. Ein Banner mit der URL prägte den Beckenrand.
Das Ergebnis: Während und direkt nach der Aktion stieg die Anzahl der Hits auf diese Website um mehr als 300 Prozent.

LITFASSDIVA

Eine Salzburger Agentur konzipierte eine außergewöhnliche Ambient-Aktion für das Label „Diva by makole“. Sie kleidete Litfaßsäulen in Rock und Schleife und ließ Passanten dabei unter den Rock gucken. Die Kampagne wurde in der Kategorie „Die beste Verwendung klassischer Medien in einer Ambient-Media- und/oder Promotion-Kampagne“ mit Gold ausgezeichnet.

FEDEX VS. UPS

Es wird immer einen Wettbewerb zwischen den Logistik-Service-Unternehmen dieser Welt geben. FedEx zeigt hier auf lustige Art und Weise, dass seine Leute schneller sind und mehr transportieren können als der direkte Konkurrent UPS. Wir sagen: Daumen hoch. Und da das auch andere offensichtlich so sahen, gab’s dafür den „Silbernen Rhino“.

Nichts ist unmöglich.

GESCHMACKLOS

DAS STILWERK WIRD ZUM STADTGESPRÄCH – STILVERBRECHEN IN DÜSSELDORF!

Um die Leute wieder auf guten Geschmack zu bringen, gab es „Verbrechen“ in Form von geschmacklosen Wohnzimmermöbeln auf der Kö.

DIE IDEE

Das Ziel? Das Stilwerk soll zum Stadtgespräch werden. Das Thema? Die Kö als Ort für Wohndesign und Lifestyle. Der Haken: kaum Budget. Kein Problem, wenn die Idee genial ist und die Exponate vom Sperrmüll sind. Große Etiketten mit der Aufschrift „Stilverbrechen" lösten die Aktion auf und lockten zahlreiche Käufer in die Möbelstores.

DAS BESONDERE

Mit einfachen Mitteln, viel Humor und ohne großen Kostenaufwand wurde hier lokal für echte Hingucker gesorgt. Die Aktion war wochenlang Gesprächsthema Nr. 1 in Düsseldorf. Ein fantastischer Erfolg!

ERGEBNIS

50 %
mehr Besucher
im Aktionszeitraum

- Redaktionelle Beiträge in sämtlichen Tageszeitungen
- Positive Resonanz – bis heute!

Fakten:

Was?
Guerilla-Ambient-Aktion

Wer?
Stilwerk Düsseldorf

Wo?
Düsseldorf, Deutschland

Wann?
Sommer 2011

Code scannen für Moodfilm auf YouTube

Aufmerksamkeit ist die neue Währung.

Georg Franck

MÖRDERISCHE AKTION

LEBLOSE KÖRPER ZWISCHEN KARTOFFELN UND EIERN – KUNDEN KLÄREN MORDFALL AUF

Mitten im Supermarkt passiert das Unglaubliche: ein Mord am helllichten Tag.

DIE IDEE

Ein Edeka-Supermarkt inszenierte eine Krimiszenerie auf der Ladenfläche. Laiendarsteller täuschten einen vollendeten Mord zwischen den Regalen vor. Bereits am Eingang teilte das Personal Ermittlungsakten aus und fragte: Wer war der Mörder? Ein bisschen Sherlock Holmes steckt doch in jedem von uns.

DAS BESONDERE

Der Supermarkt ist alles andere als langweilig. Er wird zu einem Erlebnis der außergewöhnlichen Art mit Gänsehautfaktor.

ERGEBNIS

Mehr als 65.000 € Umsatz am Aktionstag,

davon knapp 19 % allein in den Abendstunden ab 20 Uhr

- Von 20 bis 24 Uhr wurden mehr als 100 Portionen Mörder-Steaks und mehr als 60 Portionen Fish & Chips verkauft
- Salescup 2012 in der Kategorie handelseigene Promotions – Großfläche

Fakten:

Was?
Shopping-Event

Wer?
Edeka Rietberg

Wo?
Rietberg, Deutschland

Wann?
November 2011

FLASCHENTHEATER

FLASCHEN SAMMELN FÜR DEN GUTEN ZWECK

Das Glasflaschenverbot in St. Pauli wird zum Aufhänger der gewitzten Aktion für mehr Onlinetraffic und einen guten Zweck: Kiezfeeling im Flaschenautomaten.

DIE IDEE

Jede Flasche im Automaten zählte als Eintrittskarte und wurde belohnt mit ... na was schon? Richtig, mit dem Eintritt in eine kleine Show. Die Spendenaktion war sehr beliebt auf Facebook und die Hits zum Event waren entsprechend zahlreich.

DAS BESONDERE

Ein vermeintlicher Nachteil mutiert zum Positiven und erreicht am Ende einen Mehrwert. Clevere Verbindung zwischen einem „guten Zweck“ und der lokalen Imagestärkung für die Marke Astra.

Fakten:

Was?
Cross-Media-Aktion

Wer?
Astra Bier,
Holsten Brauerei AG

Wo?
Hamburg, Deutschland

Wann?
2012

Code scannen für Moodfilm auf YouTube

ERGEBNIS

35.000
neue Facebook-Fans
allein während der Aktion

- ADC Germany 2013: 2x Silber, 2x Bronze
- TOP 10 der erfolgreichsten Kampagnen des Jahres 2012
- Das gesammelte Flaschenpfand wurde komplett gespendet

EINE RUNDE BOWLINGSACHE

Alltagsgegenstände verwandeln sich in aufsehenerregende Bowlingkugeln – das macht die Kunden neugierig.

DIE IDEE

Um neue Kunden zu akquirieren, wurde für das Bowlingcenter „Overpoort Bowl" im Studentenviertel der belgischen Stadt Gent diese Ambient-Aktion initiiert: Alle möglichen runden Objekte verwandelten sich durch Aufkleber in Bowlingkugeln. Ein zusätzlicher Sticker zeigte das Logo des Bowlingcenters.

ERGEBNIS

- Im Monat der Aktion war das Bowlingcenter ausgebucht

PLAKATE MIT STARKEM BISS

Aufwendige Inszenierung mit bleibendem Eindruck. Das Megaplakat macht auf einen Blick klar, um was es geht: starke Zahnpasta für noch stärkere Zähne.

DIE IDEE

Das Plakat von Formula-Zahncreme scheint einem echten Härtetest ausgesetzt zu sein. Zusätzlich wurden in umliegenden Restaurants Zahnstocherhalter in Form von Zahnbürsten aufgestellt, sodass die einzelnen Holzstäbchen wie die Borsten der Bürste aussahen. Zur Erinnerung daran, wie wichtig gute Zahnpflege ist.

ERGEBNIS

- **Eine echt starke Idee, die in den umliegenden Supermärkten für leere Regale der beworbenen Zahnpasta sorgte**

Erfolg gibt Ihnen immer recht.

Jeannine Halene

TRAUMHAFTE AKTION

WARTEN AM GATE UND DABEI EINE TRAUMREISE GEWINNEN? – SUPER IDEE!

Was wäre, wenn Kunden Reisepakete in Flughafen-Reiseshops gewinnen würden? Gefragt – getan.

DIE IDEE

Die Marketingverantwortlichen des Flughafens von Adelaide dachten sich etwas Spannendes aus, um die Besucher anzusprechen. Die nämlich erhielten die Chance, durch den Einkauf in einem der Flughafen-Shops eine Traumreise zu gewinnen. Gleich drei aufregende Reisepakete wurden geschnürt, um verschiedene Zielgruppen anzuziehen und zu inspirieren. Auffällige Bodenaufkleber animierten zum Mitmachen.

DAS BESONDERE

Die Wartezeit vieler Gäste am Flughafen wurde mit dieser Aktion versüßt. Und: Nirgendwo anders findet man mehr Menschen, die a) Zeit haben und b) am Reisen interessiert sind.

Fakten:

Was?
Guerillaaktion

Wer?
Adelaide Airport

Wo?
Adelaide, Australien

Wann?
Januar 2013

ERGEBNIS

- Im Vergleich zu früheren Handelsaktionen stieg die Beteiligung bei diesem Gewinnspiel stark an
- Die Nachfrage nach Anmeldeformularen war so groß, dass die teilnehmenden Shops kaum hinterherkamen

100 PROZENT WIRKSAMKEIT

DAMIT IST IHR GELD SICHER SICHER

Drei Millionen Dollar? Her damit! Nur nicht so einfach, denn diese Installation ist mit Sicherheitsglas von 3M gesichert. Cleveres Produktplacement mit „Haben-wollen“-Effekt.

DIE IDEE

3M präsentiert sein Sicherheitsglas in Kanada auf eine sehr herausfordernde Art und Weise. Die animiert die Leute dazu, sich das dahinter verlockend ausgestellte Geld zu holen. Der Panzerglas-Hersteller „3M Security Glas“ hat seine Werbung an einer Bushaltestelle in Vancouver platziert.

ERGEBNIS

- Die Aktion wurde von den „Probanden“ selbst viral über Social-Media-Kanäle verbreitet
- Alle, die versuchten, an das Geld zu kommen, sind definitiv von der Stabilität des Produktes überzeugt!

DAMIT ES WIEDER LÄUFT

Dulcolax ist ein Mittel gegen Verstopfung. Da muss bei der Litfaßsäulen-Installation nicht mehr viel gesagt werden außer: Es läuft!

DIE IDEE

An Litfaßsäulen ist ein Plakat angebracht, das wie eine leere Toilettenpapierrolle aussieht – ohne weitere Kommentare. Dulcolax ist ein Mittel gegen Verstopfung. Das bis auf das letzte Blatt verbrauchte Toilettenpapier zeigt: Das Mittel wirkt. Fazit: eine gut laufende Aktion!

ERGEBNIS

- Über 50.000 Kontakte auf der Website
- Erheblicher Anstieg der Nachfrage in den Apotheken während der Kampagne

DAS BLEIBT HAFTEN!

WENN PATTEX SO ZIEMLICH ALLES KLEBEN KANN – WARUM NICHT AUCH FUSSBÄLLE?

Eine ungewöhnliche Bandenwerbung, welche die extreme Klebekraft von Pattex beweist.

DIE IDEE

Eine eindrucksvolle Außenwerbung ziert die Bande hinter dem Tor: eine klebstoffbeschichtete Fläche. Und während des Spielverlaufs passiert zur Überraschung der Zuschauer dies: Die Bälle, die es nicht in das Tor geschafft haben, bleiben an der Werbefläche von Pattex kleben. Echt starke Werbung!

DAS BESONDERE

Der USP des Produkts, nämlich die unglaubliche Klebekraft, kombiniert mit Deutschlands liebster Sportart, beweist so das Produktversprechen.

Fakten:

Was?
Guerillaaktion

Wer?
Pattex Deutschland,
Henkel AG & Co. KGaA

Wo?
Düsseldorf, Deutschland

Wann?
März 2006

ERGEBNIS

Mehr als 60.000 Fans sahen die Aktion im Stadion

Mehr als 9 Mio. Zuschauer vor dem Fernseher

- Während und nach dem Spiel gab es einen Anstieg der Facebook-Likes sowie vermehrte Blogbeiträge

Präsenz macht sexy.

Hermann Scherer

STRASSENKÜNSTLER

JEEP-OFFROAD-PARKPLATZ

Diese amüsante Guerillaaktion fand für mehrere Wochen im Frühling 2007 in Kopenhagen statt. Das Ziel der Aktion war, den Offroadcharakter des Jeeps unübersehbar und erlebbar dem Kunden zu kommunizieren. Sehr gelungen, wie wir finden!

FÜR DAS GUTE GEFÜHL

Durex ist mit dem Vertrieb von Kondomen in mehr als 150 Ländern marktführender Hersteller. Um die neue Kondomserie mit Verrippung und Noppen zu promoten, wurden Kondome auf die Steine, die eine ähnliche Struktur aufweisen, gemalt. Diese Guerillaaktion fand im Juni 2007 in mehreren Großstädten in Belgien Anklang.

SAUBERE SACHE

Bei dieser Straßenaktion wurde ein verschmutzter Zebrastreifen weiß angestrichen, um die Reinigungskraft von Meister Proper zu beweisen. Den Aha-Effekt schafft die Umgebung drumherum ganz alleine. Eine effektive, kreative und günstige Variante, die Konzentration auf das Produkt zu lenken.

Wer ist hier noch mutig genug?

VOGELPERSPEKTIVE

DUSCHEN IN DER STADT? KEIN PROBLEM!

Wo gibt's den größten Duschkopf der Welt? Am Walther-von-Cronberg-Platz in Frankfurt am Main zur ISM-Messe!

DIE IDEE

Der Springbrunnen am Walther-von-Cronberg-Platz in Frankfurt wurde einfach mal zum weltgrößten Duschkopf umgebaut, mit verstellbarem Wasserstrahl, versteht sich. Grohe zeichnete eine gigantische 3D-Grafik um den Springbrunnen und zog damit eine ebenso gigantische Aufmerksamkeit auf sich.

ERGEBNIS

- Geniale und einzigartige Idee, die alle Messebesucher begeisterte und sich unglaublich schnell über Social-Media-Kanäle verbreitet hat

WER IHR AUTO GERNE SEIN WÜRDE

Auch Ihr Auto hat heimliche Wünsche und Träume – nämlich ein Golf GTI zu sein.

DIE IDEE

Nicht nur Menschen träumen vom perfekten Auto, sondern auch die Autos selbst. Diese Kampagne für Volkswagen bestand aus einer Außenwerbung, die in Form von Deckenhängern in Parkhäusern angebracht wurde. Über jedem Parkplatz hing eine Denkblase mit dem Bild vom Golf GTI und der Aufschrift „I wish I was a ... New GTI“.

ERGEBNIS

- Schnelle virale Verbreitung
- Hat das Interesse am neuen GTI bei lokalen Autohäusern deutlich gesteigert

HINTER GITTERN

SCHOCKIEREND

Diese ungewöhnliche Straßenaktion hat Passanten auf die Missachtung der Menschenrechte in vielen Ländern hingewiesen.

DIE IDEE

Mitten auf einer Einkaufsstraße, auf der volle Einkaufstüten knapp über dem Asphalt baumeln, klammern Hilfe suchend Hände an Gullydeckeln wie an Gitterstäben einer Gefängniszelle. Das weist auf willkürliche Inhaftierungsgründe wie „wrong faith", „wrong opinion" oder „wrong colour" hin. Schockierende, aber aussagekräftige Aktion aus dem Jahr 2002.

ERGEBNIS

- Amnesty International steigerte so deutlich das Interesse an seinen Projekten
- Anstieg der Klicks auf der Amnesty-Website während der Aktion

ÜBERTRIEBEN, ABER GUT

Slim Fast ist eine Marke, die diverse Diätprodukte umfasst. Man kann nur staunen, wie schnell man die Pfunde verliert.

DIE IDEE

Diese Werbung ist eine Straßenaktion: Auf einem Gullydeckel liegt eine Baseballkappe. Daneben eine leere Dose von Slim Fast. Mit Slim Fast verlierst du schnell die Pfunde. Hier haben die Werber das Markenversprechen „slim fast" wirklich beim Wort genommen!

ERGEBNIS

- Viele staunende Fußgänger, die die Aktion sofort über Social Media im Netz verbreiteten
- Mit der Werbewirkung ging's so schnell wie mit dem Abspecken: einfach rasend!

Andere denken nach – wir denken vor.

Udo Lindenberg

HIER GEHT'S RUND

PINK SCHÜTZT SIE!

Werbung, bei der Ihnen nicht schlecht werden kann, gab es in einem Waschsalon in New York.

DIE IDEE

Waschmaschinentüren werden Fenster zum Magen. Die Kampagne zeigt Oberkörper auf Waschmaschinen, und der Blick in die Trommel verrät, wie es im Magen schäumt. „Egal, was Sie in Ihren Magen werfen, Pink schützt Sie. Pepto-Bismol."

ERGEBNIS

- In den umliegenden Apotheken fragten Kunden im Aktionszeitraum bei Sodbrennen häufiger nach diesem Produkt als zuvor

GUT BEBLASEN

Wie kann man ein Start-&-Stopp-System erlebbar machen? Eine technische Funktion ist hier fühlbar gut umgesetzt.

DIE IDEE

Die Start-&-Stopp-Funktion des Fiat 500 sollte unterhaltend und neuartig kommuniziert werden. Der Handtuchtrockner im Fiat-500-Format produziert mehr als nur heiße Luft in den Toiletten von angesagten Bars, Restaurants und Theatern.

ERGEBNIS

- Das Ansehen des Autos als umweltfreundlichstes seiner Klasse auf dem Markt wurde weiter ausgebaut
- Klicks auf www.umwelt.fiat.de steigen seither an

RICHTIGE ABWÄGUNG

DAS GEWICHT SAGT MEHR ALS TAUSEND WORTE – FITNESS FIRST GEHT DAMIT AUF KUNDENFANG

Gnadenlos ehrliche Werbung, die der Fitnessstudio-Kette viele Neuanmeldungen sicherte.

DIE IDEE

Ziemlich frech war die Guerillakampagne für die Fitnesskette „Fitness First“ in Rotterdam. An einer Bushaltestelle zeigte eine in die Sitzbank integrierte Waage das Körpergewicht an. Sobald sich wartende Fahrgäste auf die Bank setzten, blinkten deren Kilos auf der Anzeigetafel für alle sichtbar auf.

DAS BESONDERE

Manche fanden die Aktion „schwer“ in Ordnung, andere waren entrüstet. Aber eins ist sicher – jeder hat sich vorgenommen: Morgen gehe ich mal wieder ins Fitnessstudio!

Fakten:

Was?

Guerillaaktion

Wer?

Fitness First

Wo?

Rotterdam, Niederlande

Wann?

März 2009

ERGEBNIS

- Große Verbreitung auf bekannten Werbe- und Designblogs im Internet

HARTE FAKTEN

STÄNDER FÜR ALLE

Doppeldeutige Grundaussage für den Fahrradständer: „Diesen Ständer widmet Ihnen – Pfizer.“ Die Viagrapille wird als Mittel zum Zweck mit abgebildet. Mehr muss man dazu wohl nicht sagen. Die Apotheke um die Ecke profitierte von dieser lustigen Fahrradständerwerbung.

TREPPENSTEIGEN FÜRS HERZ

Auf geschlossenen Fahrstühlen steht geschrieben: „Becel. Take action. Love your heart“. Öffnet sich der Fahrstuhl, ist eine aufsteigende Treppe abgebildet. Das Ergebnis: Viele Menschen nahmen schmunzelnd doch die Treppe.

GRÜN SCHMECKT BESSER

Eine gigantische Gabel baumelte von einem blattvollen, grünen Baum. Hier handelte es sich um eine Guerillawerbung für eine vegetarische Restaurantkette in der Schweiz.
Die klare Aussage lautet: Das Essen wird frisch serviert. Nach dieser Aktion war das Restaurant Stadtgespräch und verzeichnete seither viele neue Gäste.

Auffallen
statt fallen.

Es braucht immer eine Portion Chaos, damit Neues entsteht.

Hermann Scherer

NAH UND FERN

EINE HEISSE ÜBERRASCHUNG

Ist das möglich, dass Eva Padberg den neuen OTTO-Katalog persönlich zu Ihnen nach Hause bringt?

Theoretisch ja – praktisch leider nur ein genialer Werbecoup.

DIE IDEE

An Türen mit einem Spion wurde ein Pappschild mit dem Model Eva Padberg angebracht. Jeder, der durch den Spion schaute, sah das Model mit dem neuen Otto-Katalog. Mit dieser Aktion wurden Tausende deutsche Haushalte von Otto überrascht.

ERGEBNIS

- Während und nach dieser Kampagne stieg die Bestellrate für die Kataloge um ein Vielfaches an – vielleicht hatte der ein oder andere doch die Hoffnung, dieser würde persönlich von Eva überreicht

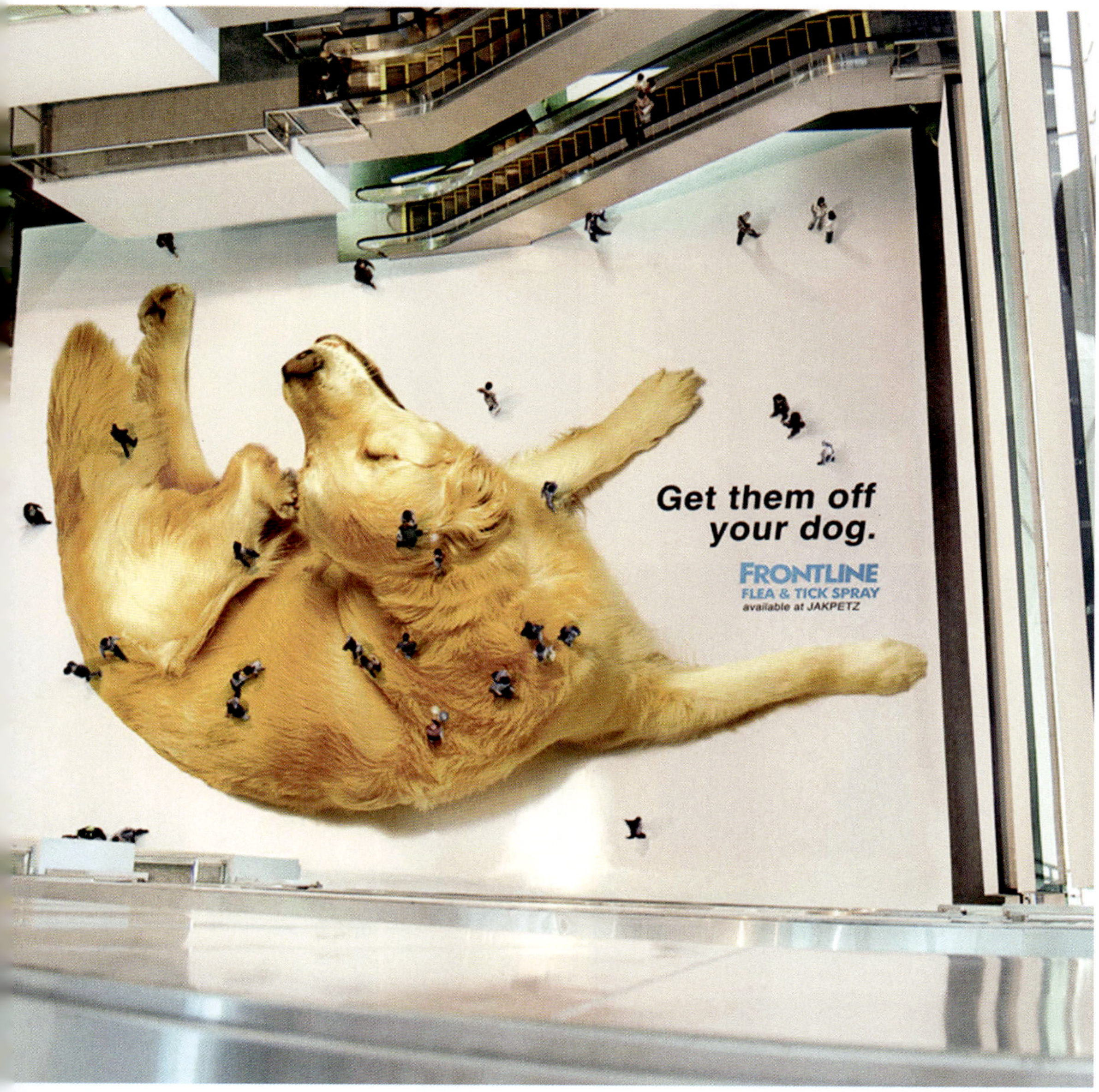

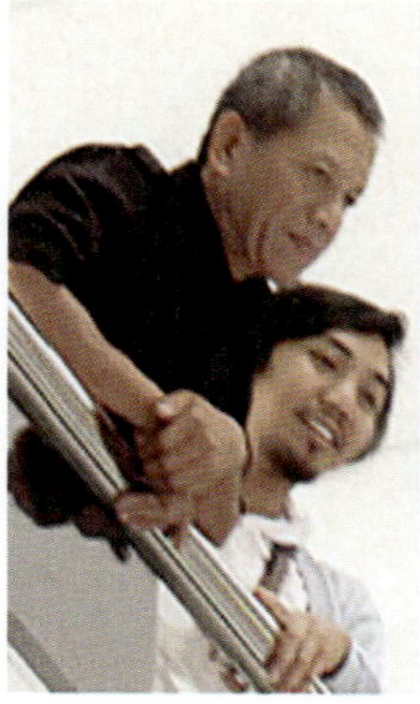

EINE ECHTE PLAGE

Diese Kampagne kratzte nicht nur den Hund.

DIE IDEE

Frontline ist ein Mittel gegen Tierparasiten wie Flöhe und Zecken. Mit dem überdimensionalen Bodenaufkleber von 225 m^2 belustigte Frontline die Besucher in einer Shopping Mall. Laufen die Passanten über den riesigen Aufkleber, sehen sie von oben tatsächlich wie kleine Flöhe aus. Lustig und effektvoll zugleich.

ERGEBNIS

- Mehr Verkäufe des Produkts
- Die Aktion fand große mediale Beachtung und generierte deutlich mehr Absatz als eine Standard-kampagne

WÄRMESPENDER

FRIEREN FÜR EINEN GUTEN ZWECK

Gut gemachte Spendensammelaktion, um Menschen zu zeigen, wie hart das Leben für Obdachlose im Winter ist.

DIE IDEE

Frieren im Kino – für die Obdachlosenhilfe fiftyfifty wurde in einem Düsseldorfer Kino die Klimaanlage auf 8° C heruntergeregelt. Für die Besucher lagen Decken bereit. In einem kurzen, parallel gezeigten Film erklärten Obdachlose, wie hart das Leben auf der Straße im Winter ist. Durch einen QR-Code auf den Decken konnte direkt an fiftyfifty gespendet werden.

DAS BESONDERE

Die Besucher erlebten am eigenen Leib, wie es wäre, wenn sie im Winter auf der Straße schlafen müssten. Regt zum Spenden an!

ERGEBNIS

Mehr als **30.000** direkte Spenden

- 65.000 YouTube-Views
- Berichte in rund 200 internationalen Blogs

Fakten:

Was?
Guerillaaktion

Wer?
fiftyfifty, Obdachlosenhilfe

Wo?
Düsseldorf, Deutschland

Wann?
Februar 2013

Code scannen für den Spot

FLYTISING

FLIEGENDE WERBEBANNER AUF DER FRANKFURTER BUCHMESSE

Was summt und brummt denn da?
Es sind lebendige und fliegende Miniatur-Werbebanner für den Eichborn Verlag.

DIE IDEE

Für die Frankfurter Buchmesse dachte sich der Eichborn Verlag etwas ganz Besonderes aus: fliegende Werbebanner. Mit Wachs wurden den Fliegen kleine Banner angeheftet. Die später durch die Besucherströme summenden Fliegen-Flyer sorgten für Staunen.

DAS BESONDERE

Eine völlig neue Idee, die es in diesem Rahmen vorher noch nicht gab. Durch die lebenden Fliegen zog der Verlag die ungeteilte Aufmerksamkeit auf sich. Was kurios ist, fällt eben auf.

ERGEBNIS

Mehr als 800.000 Views auf YouTube
im ersten Monat der Aktion

- Ca. 200 Fliegen wurden mit den Flyern ausgestattet und dann auf dem Gelände der Frankfurter Buchmesse frei gelassen
- 100 % Aufmerksamkeit auf der Buchmesse

Fakten:

Was?
Viralaktion

Wer?
Eichborn Verlag

Wo?
Frankfurt, Deutschland

Wann?
2009

Code scannen für Viral auf YouTube

”

Wer interessieren will, muss provozieren.

Salvador Dali

4.3

TV & VIRALS

UND ACTION, BITTE!

DRAMA, BABY, DRAMA! EIN ROTER BUTTON GEHT UM UND SORGT FÜR ORDENTLICH ACTION

Mit einer oscarreifen Filmaktion in einer kleinen Stadt in Belgien sorgte der Fernsehsender TNT für reichlich Zündstoff.

DIE IDEE

„PUSH TO ADD DRAMA" – so forderte ein Pfeil in drei Metern Höhe über einem auffälligen roten Buzzer mitten in der Fußgängerzone zum Drücken auf. Wer sich traute, wurde belohnt. Denn vor den Augen der Passanten spielte sich ein echtes Actiondrama ab. Am Ende fiel zur Auflösung ein Plakat die Hauswand herunter mit der Aufschrift: "Your daily dose of drama".

DAS BESONDERE

Ein unvergessliches Live-Viral, das auf medialen Kanälen große Reichweite erzielte – und das selbst lange Zeit nach der Aktion. Zudem wirkte dieses Spektakel so verblüffend echt, dass man dem Sender einfach glaubte: Von Drama verstehen die was.

ERGEBNIS

Mehr als 45 Mio. Views auf YouTube seit der Aktion

- Bisher 4 Millionen Mal geteilt bei YouTube
- In den ersten 24 Std. 10 Millionen YouTube-Views & 1 Million Facebook-Shares

Fakten:

Was?

Aktion & Viral

Wer?

TNT Drama

Wo?

Belgien

Wann?

April 2013

Code scannen für Viral auf YouTube

UNBEZAHLBARE WERBUNG

WAS PASSIERT, WENN MÄNNER AM AUTOMATEN GELD ZIEHEN UND 20 PROZENT ZU WENIG RAUSKOMMEN?

Mit dieser Aktion machte die Frauenzentrale auf ein gegenwärtiges Problem aufmerksam.

DIE IDEE

Seit 1981 ist die Gleichstellung von Mann und Frau in der Schweizer Verfassung verankert. Trotz der gesetzlichen Pflicht sind die Lohnunterschiede noch immer gravierend. Frauen mit der gleichen Ausbildung, Leistung und Position verdienen ca. 20 Prozent weniger als Männer. Anlässlich des Equal Pay Day Switzerland ließ die Züricher Frauenzentrale die Männer einen Tag lang spüren, wie sich finanzielle Diskriminierung anfühlt.

DAS BESONDERE

Nur wer am eigenen Leib eine Erfahrung macht, kann nachvollziehen, verstehen und etwas ändern. Diese Maßnahme ist so grenzwertig, dass sie im Gedächtnis bleibt. Hoffentlich auch bis zur nächsten Gehaltsverhandlung, meine Damen! Die fehlenden 20 Prozent aus dem Bankautomaten wurden den Herren natürlich zurückerstattet.

Allen Männern wurde 20 Prozent weniger als die gewünschte Summe ausbezahlt.

ERGEBNIS

Mehr als
15.000
Views auf YouTube
innerhalb von 11 Monaten

- Die englische Version (unter IWMF – International Women's Media Foundation bei YouTube) hatte im Aktionszeitraum über 220.000 Views

Fakten:

Was?
Aktion & Viral

Wer?
Frauenzentrale Zürich

Wo?
Zürich, Schweiz

Wann?
März 2013

Code scannen für Viral auf YouTube

CONTREXPERIENCE

ABNEHMEN – MIT DER RICHTIGEN MOTIVATION FUNKTIONIERT ES

In die Pedale treten für einen Live-Strip.

Contrex-Wasser zur Abkühlung stand schon bereit.

DIE IDEE

Eine amüsante Aktion von Contrex-Mineralwasser zum Abnehmen: Auf einem beliebten Platz standen pinkfarbene Trimmräder aufgereiht. Aus Neugierde fingen einige Passanten an, sie zu benutzen. Die durch das Treten erzeugte Energie beleuchtete Neonkabel, die die Umrisse eines Strippers ergaben, der sich zur Musik bewegte. Je mehr die meist weiblichen Passanten in die Pedale traten, umso mehr entkleidete sich der Neon-Stripper. Schweißtreibend! Zum Glück standen neben den Rädern Mineralwasserflaschen zum Trinken bereit.

DAS BESONDERE

Abnehmen kann einfach sein, wenn die Motivation stimmt und das Wasser schmeckt.

ERGEBNIS

Mehr als
11 Mio.
Views bei
YouTube bis heute

- Riesiges mediales Interesse
- Steigerung des Bekanntheitsgrads der Marke

Fakten:

Was?
Guerilla-Ambient-Aktion

Wer?
Nestlé

Wo?
Paris, Frankreich

Wann?
2011

Code scannen für Moodfilm

”

Wer weit springen will, muss schnell anlaufen.

Jeannine Halene

EINFACH NIX MACHEN

DREI MINUTEN NICHTS TUN = EIN BIER

Der Amstel-Automat zwang Passanten dazu, einfach mal drei Minuten nichts zu machen. Und das war offensichtlich gar nicht so einfach. Eine Herausforderung, für die es ein Bier als Belohnung gab.

DIE IDEE

Unsere Welt ist hektisch, stressig und vor allem unruhig. Was liegt da näher, als einfach mal Pause zu machen mit einem kühlen Bier?
Ein Getränkeautomat, der ein Amstel-Bier ausspuckte, wenn die Person drei Minuten nichts tat, sorgte für „Zwangsruhepausen“. Hört sich erst mal einfacher an, als es war.

DAS BESONDERE

Das Zauberwort ist hier Engagement: Vor allem das Mitmachen bei der Aktion lockte die Leute. Und ganz ehrlich – wer verzichtet schon gerne auf ein Freibier?

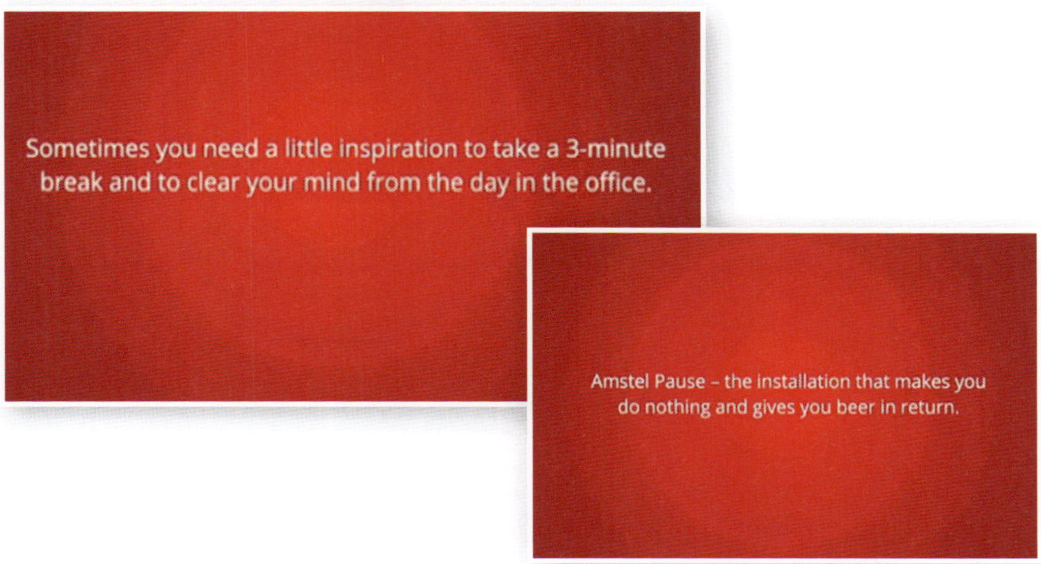

ERGEBNIS

In 16 Tagen verzeichnete der Automat, der im Zentrum von Sofia stand (jeweils von 16 bis 21 Uhr):

67 Stunden Pause
84 User am Tag
1.344 Dosen Bier

Fakten:

Was?
Aktion & Viral

Wer?
Amstel-Bier, Heineken

Wo?
Sofia, Bulgarien

Wann?
Juli 2013

Code scannen für Viral auf YouTube

SMELL LIKE A MAN

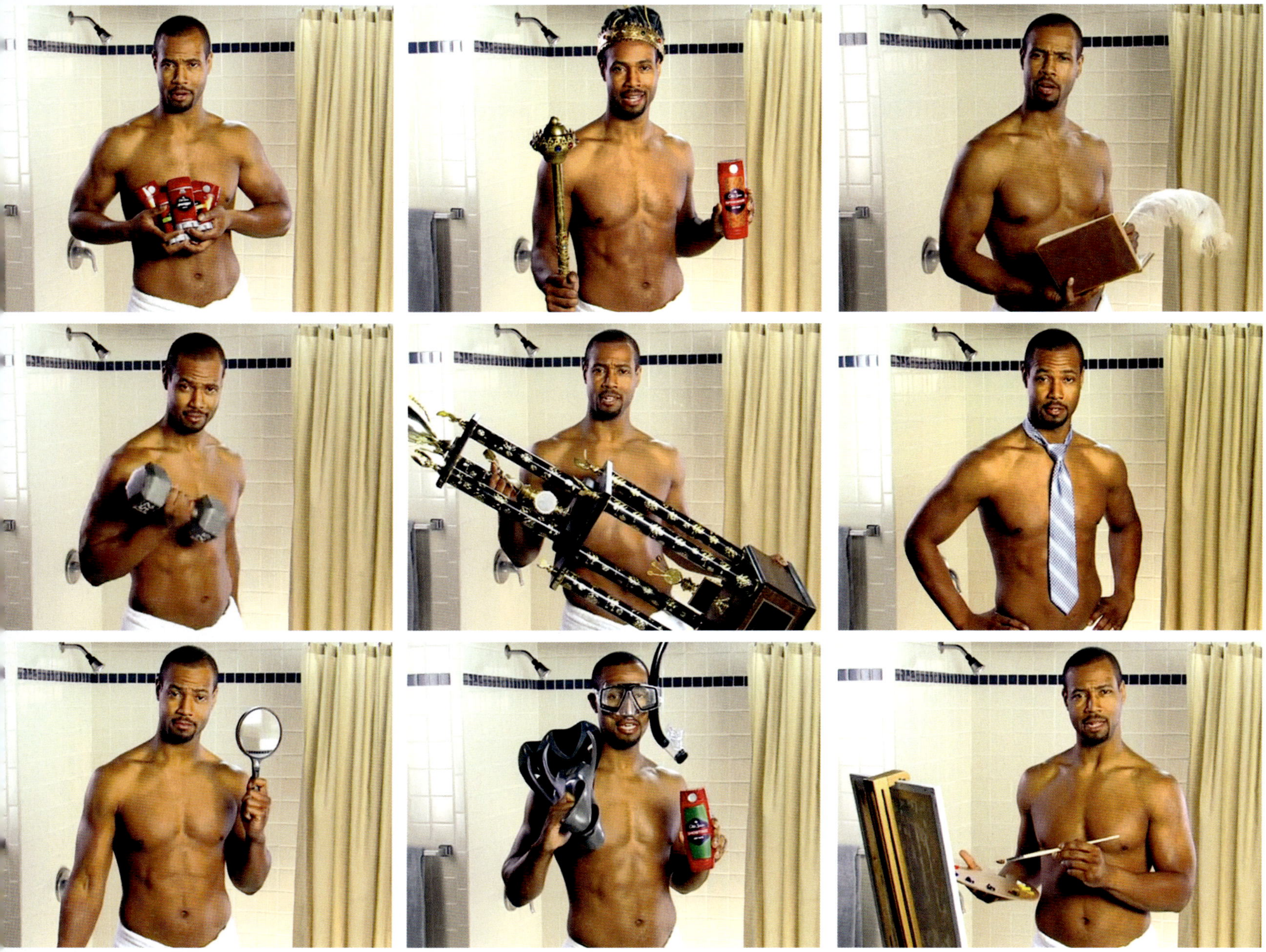

EINE SOCIAL-MEDIA-ERFOLGSGESCHICHTE

Um die fast in Vergessenheit geratene Marke Old Spice zu reanimieren, wurde der „Old Spice Man“ ins Leben gerufen.

DIE IDEE

In mehreren TV-Spots erzählte Isaiah Mustafa, ein gut aussehender ehemaliger Football-Profi, dass er „the man your man could smell like" sei. In den Spots wechseln diverse absurde Situationen, ohne dass Mustafa den Blick von der Kamera nimmt. Die aufwendig und an einem Stück gedrehten Clips gewannen einen Löwen in Cannes. Sie wurden Kult und verbreiteten sich rasend schnell im Internet.

DAS BESONDERE

Der Old Spice Man ist modern in Szene gesetzt und bricht das eher „altbackene" Image der Marke mit Humor auf. Hier zeigt sich: Wer auch mal über sich lachen kann, hat Erfolg!

ERGEBNIS

110 Mio. Views auf YouTube

- Seit dem Launch der Kampagne im Februar 2010 stieg der Traffic auf der Website um 300 %
- 100.000 Follower auf Twitter
- 700.000 Facebook-Fans
- Die Anzahl der Interaktionen auf der Facebook-Seite stieg um 800 %

Fakten:

Was?
Viral-Aktion

Wer?
Old Spice, Procter & Gamble

Wo?
Weltweit

Wann?
2010

Code scannen für Viral auf YouTube

KAKERLAKENALARM

EINE KRIBBELIGE MARKETINGAKTION

Echtes Guerillamarketing hat nichts mit dem Kleben von Tausenden von Stickern auf urbanem Mobiliar zu tun. Die New Yorker Streetwear- und Skateboard-Company Zoo York hat Guerillamarketing auf ein neues Level gehoben.

DIE IDEE

Das Zoo-York-Team sprühte das Company-Logo mit Schablonen auf Tausende lebender Kakerlaken. Diese wurden dann in Rucksäcke gefüllt und vom Team auf Skateboards & BMX-Rädern zur Wall Street gebracht und dort freigelassen. Die ganze Aktion wurde auf Video festgehalten und durch Aufkleber und T-Shirts weiter vermarktet und fortgeführt. Bis heute spielen Kakerlaken eine Rolle im Marketing der Firma. Sie werden auch als Keyvisuals in Werbespots eingesetzt.

DAS BESONDERE

Der Schockeffekt dieser Aktion ist gnadenlos. Ob man es nun gut findet oder nicht – aber an diese Aktion erinnern sich alle, die mit den Tierchen in Kontakt kamen, garantiert ihr Leben lang!

ERGEBNIS

183.000

Views auf

YouTube seit Upload

Fakten:

Was?

Guerillaaktion

Wer?

Zoo York

Wo?

New York, USA

Wann?

2008

Code scannen für Moodfilm auf YouTube

Wer die Form beherrscht, darf in die Suppe spucken.

Hans Peter Willberg

BREWTOPIA

DIE FRAGE: „WO KOMMT EIGENTLICH DIESES WUNDERBARE BIER HER?“ IST GEKLÄRT!

Mit ihren immer wieder auffallenden Spots machen die Carlton United Breweries auf die Marke Pure Blond aufmerksam: das paradiesischste Bier von allen.

DIE IDEE

Paradiesische Zustände: grüne Wälder, friedliches Miteinander, Tiere und Menschen in stiller Harmonie. Ein See mit goldenem Wasser, aus dem von Hand das Bier in Flaschen abgefüllt wird – von blonden, unschuldigen Models. Da muss das Bier herkommen! Doch die Idylle wird zerstört durch den Archetypen des Bierkonsumenten: fett, schmierig und ungehobelt. Wir finden's trotzdem lustig und der Rest der Welt wohl auch.

DAS BESONDERE

Konsumenten von Pure Blonde beweisen: Sie können auch über sich selbst lachen. Das kommt bei den Kunden gut an und wurde mit vielen Webklicks belohnt.

ERGEBNIS

Mehr als 700.000 Views auf YouTube

Fakten:

Was?
TV-Spot

Wer?
Pure-Blonde-Bier, Carlton United Breweries

Wo?
Australien

Wann?
2007

Code scannen für Viral auf YouTube

SPRACHDEFIZITE

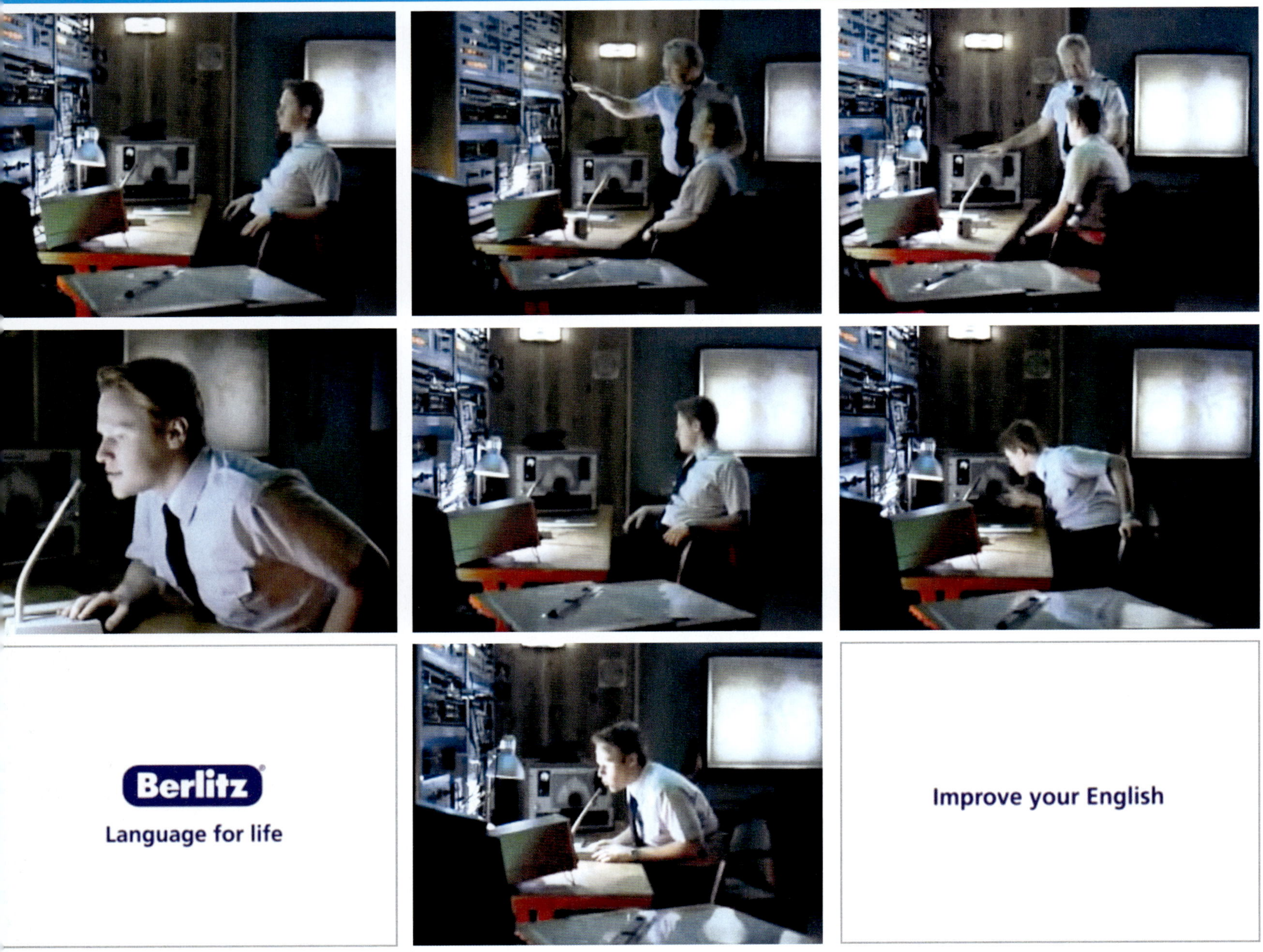

„I LAUGH ME DEAD“ – DIE BERLITZ LANGUAGE SCHOOL DECKT SPRACHDEFIZITE AUF

Am Beispiel der „German Coastguard“ wird mit einem witzigen Szenario für Sprachunterricht geworben.

DIE IDEE

What are you sinking about? Sie wissen, wie es sich anhört, wenn Deutsche Englisch sprechen ... zum Totlachen! Das dachte sich auch die Berlitz Language School und bewarb mit einem ironischen Spot Sprachunterricht weltweit.

DAS BESONDERE

Mit viel Humor wurde hier das Englischdefizit der Deutschen auf den Arm genommen und gleichzeitig Englischunterricht verkauft.
Diese Spots wirkten wie ein Lifting für die Marke Berlitz. Ab sofort kann Lernen eben auch Spaß machen und eine Sprachschule ein gewisses Maß an Coolness ausstrahlen. Bravo!

Fakten:

Was?
Viral-Spot

Wer?
Berlitz Language School

Wo?
Weltweit

Wann?
2006

Code scannen für Viral auf YouTube

ERGEBNIS

Mehr als 1 Mio. Views auf YouTube

- Der Traffic auf den jeweiligen Berlitz-Websites nahm rasend zu

UNITED BREAKS GUITARS

WIE EINE KAPUTTE GITARRE ZU EINEM RIESENERFOLG WURDE

Dave Carroll ist ein gutes Beispiel, wie ein kreativer Mann mithilfe des Internets eine ganze Industrie auf den Kopf stellen kann.

DIE IDEE

Bei einem Flug mit United Airlines wird die Gitarre des Musikers Dave Carroll beschädigt. Wie ärgerlich. Der Streit um Schadenersatz geht los und hat nach acht Monaten noch immer nicht zu einem Ergebnis geführt. Da besinnt sich Dave auf sein Können, schreibt einen Song über das Erlebte, produziert ein Video und stellt es auf YouTube. Nach vier Tagen haben bereits eine Million User das Video gesehen. Der Wert der United-Airlines-Aktie sinkt um zehn Prozent – das entspricht ca. 180 Millionen Dollar Verlust. Über die Geschehnisse schrieb Dave das Buch *United Breaks Guitars*. Es wurde zum Standardwerk für die Beziehung zwischen Unternehmen und Kunden. Das Buch schildert eindrucksvoll, was eine einzelne Stimme im Zeitalter der sozialen Medien ausrichten kann.

DAS BESONDERE

Langsam realisiert die Businesswelt, dass ein unfreundlicher Umgang mit Kunden eine ungeahnte Schädigung der Marke zur Folge haben kann.

ERGEBNIS

Mehr als **13 Mio.** Views auf YouTube

- Mehr als 150 Millionen Menschen kennen den Fall
- Verbesserung des Kundenservice vieler Unternehmen
- Das Buch ist das Standardwerk für den Umgang mit Kunden

Fakten:

Was?
Social-Media-Kampagne

Wer?
Dave Carroll

Wo?
Halifax, Kanada

Wann?
Juli 2009

Code scannen für Viral auf YouTube

Good is the enemy of great.

Voltaire

TIERISCH GUT

AGGRESSIVER PANDA? – SAG NIEMALS NIE!

Sehr erfolgreiche Viral-Spots aus Ägypten zeigen einen „niedlichen" Panda, der Menschen ziemlich hartnäckig sein Produkt „verkaufen" will.

DIE IDEE

In jedem der Spots geht es darum, dass jemand ein Panda-Produkt ablehnt. Daraufhin taucht ein großer Panda auf und terrorisiert den Menschen. Im Hintergrund läuft der Buddy-Holly-Song *True Love Ways*. Der Abbinder ist immer das jeweilige Produkt mit dem Satz „NEVER SAY NO TO PANDA“.

DAS BESONDERE

Der trockene Humor in Verbindung mit dem eigentlich süßen Pandabären macht die Spots zu skurrilen Filmchen. Das Motto lautet hier: „Erwarte das Unerwartete.“ Genau das macht die Spots so erfolgreich, denn der Zuschauer vermutet solch eine krasse Reaktion von einem liebreizenden Panda einfach nicht.

ERGEBNIS

Mehr als 17 Mio. Views auf YouTube in 22 Monaten

- Riesiges internationales Medieninteresse
- Silberner Löwe in Cannes 2010 (erste Auszeichnung einer Werbung aus Ägypten)

Fakten:

Was?
Viral-TV-Spot

Wer?
Panda Cheese, Arab Dairy

Wo?
Ägypten

Wann?
2010

Code scannen für Viral auf YouTube

TEUFLISCHER SPOT

DIESEN TEUFEL TREIBT NIEMAND AUS

Kommt Ihnen das Spektakel bekannt vor?
Dirt Devil wirbt auf Basis des bekannten Horror-Klassikers *Der Exorzist*.

DIE IDEE

Dirt Devil initiiert einen Online-Viral-Spot, um auch die männliche Zielgruppe anzusprechen. Der Spot, der an den *Exorzisten* erinnert, spricht vor allem Horrorfans an. Er zeigt eindeutig, wie saugstark Dirt-Devil-Staubsauger sind. Unbedingt anschauen, erst gruseln – und dann lachen!

DAS BESONDERE

Den *Exorzisten* kennt jeder – daher ist das Überraschungsmoment am Ende auch ein voller Erfolg. Auch hier bedienen sich die Macher wieder des Mittels, Erwartungen zu unterlaufen.

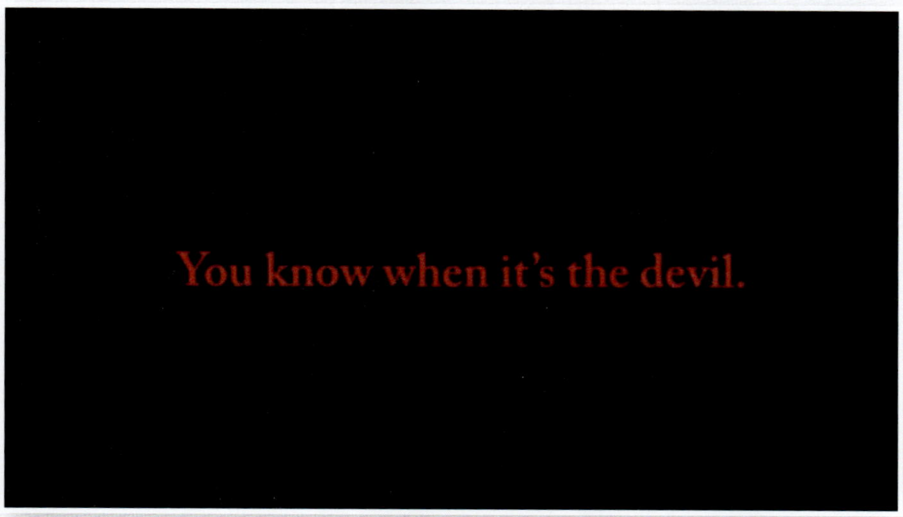

ERGEBNIS

Mehr als 820.000 Shares auf Facebook

- Über 32 Mio. Views auf Vimeo und YouTube
- 2,8 Mio. Shares via E-Mail
- 29.000 Features auf Horrorblogs und Horrorfilm-Festivals
- 52 % mehr Seitenbesuche
- Steigerung der Bekanntheit bei der Zielgruppe Männer um 39 %

Fakten:

Was?
Viral-Spot

Wer?
Dirt Devil, Royal Appliance International GmbH

Wo?
Weltweit

Wann?
2011

Code scannen für Viral auf YouTube

WALK-IN-FRIDGE

EIN MÄNNERTRAUM WIRD WAHR

Werbespots spielen gerne mit Geschlechterklischees. Heineken lieferte ein unterhaltsames Beispiel dafür.

DIE IDEE

Auf einer Privatparty präsentiert die stolze Gastgeberin ihren begehbaren Kleiderschrank. Hysterisches Kreischen und herumfuchtelnde Hände bringen die Begeisterung der Frauen zum Ausdruck. Plötzlich werden sie von brüllenden Männerstimmen übertönt. Die Szene wechselt und zeigt den Gastgeber mit einer Männerschar in einem begehbaren Kühlschrank, der komplett mit Heineken-Bier gefüllt ist. Im Rahmen der Kampagne wurden an verschiedenen Plätzen in Amsterdam überdimensionale gebrauchte Umverpackungskartons für genau diesen begehbaren Kühlschrank abgestellt. Dies suggerierte, dass der Kühlschrank tatsächlich im Handel erhältlich war.

DAS BESONDERE

Eine Facebook-Gruppe mit dem Namen „Ich will den Kühlschrank aus der Heineken-Werbung" wurde ins Leben gerufen. Nach nur 50 Tagen hatte sie bereits 26.500 Mitglieder. Und täglich kommen neue Fans dazu.

ERGEBNIS

Mehr als **10 Mio.** Views auf YouTube

- Google findet zur Aktion über 147.000 Einträge im Internet
- Heineken ist die profitabelste Brauerei in Westeuropa und konnte trotz des allgemeinen Rückgangs des Bierkonsums einen Zuwachs verzeichnen

Fakten:

Was?
Viral-Spot

Wer?
Heineken

Wo?
Niederlande

Wann?
2009

Code scannen für Viral auf YouTube

”

Was träumen Sie, wenn Sie wach sind?

Hermann Scherer

Gefällt mir!

4.4

SOCIAL MEDIA

ZUM DURCHDREHEN

WILL IT BLEND?

Wie kann man einen langweiligen Standard-Küchenmixer wieder attraktiv machen und als Objekt der Begierde platzieren? Einfach mal ein iPhone damit schreddern!

DIE IDEE

„Will It Blend?“ gehört in den USA mittlerweile zu einem der wohl bekanntesten Slogans schlechthin. In Deutschland kennen ihn bisher nur wenige. Doch hin und wieder stolpern einige Webuser über solch merkwürdige Videos, in denen ein grauhaariger Typ im weißen Kittel diverse abstruse Dinge durch einen Mixer jagt, während er coole Sprüche klopft. Jüngst ein iPhone, vormals einen iPod, “IT-Infrastructure” (siehe Video) und, und, und … dieser Mixer kriegt alles klein!

DAS BESONDERE

Ein langweiliges Produkt schaffte dank einer totalen Gaga-Idee einen unglaublichen Absatz. Wer bitte sagt da noch, dass Küchenarbeit langweilig ist?

ERGEBNIS

Mehr als **1,4 Mio.** Views der iPhone-Zerstörung auf YouTube

- Die Fan-Seite erreichte während der Aktion 50.000 Fans
- „Will It Blend?“ ist zur Redewendung geworden
- 20.000 Follower bei Twitter während der Aktion

Fakten:

Was?
Virale Kampagne

Wer?
Blendtec,
K-TEC INC.

Wo?
USA

Wann?
2007

Code scannen für TV-Spot auf YouTube

UNSER TÄGLICH BROT ...

... GIB UNS, FACEBOOK

Ein Biobäckershop aus Wien nutzt Facebook, um neue Kunden zu akquirieren – und es funktioniert.

DIE IDEE

Der Biobäcker aus Wien nutzt die Möglichkeiten, die Facebook über Fanseiten und Marketing bietet: Firmenseite, Gewinnspiele, Werbeanzeigen und gesponserte Meldungen. Ziel: neue Kunden finden, gewinnen und die Marke bekannter machen. Das Ganze ist ein voller Erfolg, denn mittlerweile gibt es mehr als 16.000 Fans auf der Seite. Dieser Bäcker bekommt nicht nur Brot, sondern auch sein Marketing bestens gebacken!

DAS BESONDERE

Es muss nicht immer eine ausgefallene Idee sein, um auf sich aufmerksam zu machen. Ehrlichkeit zieht Fans langfristig an.

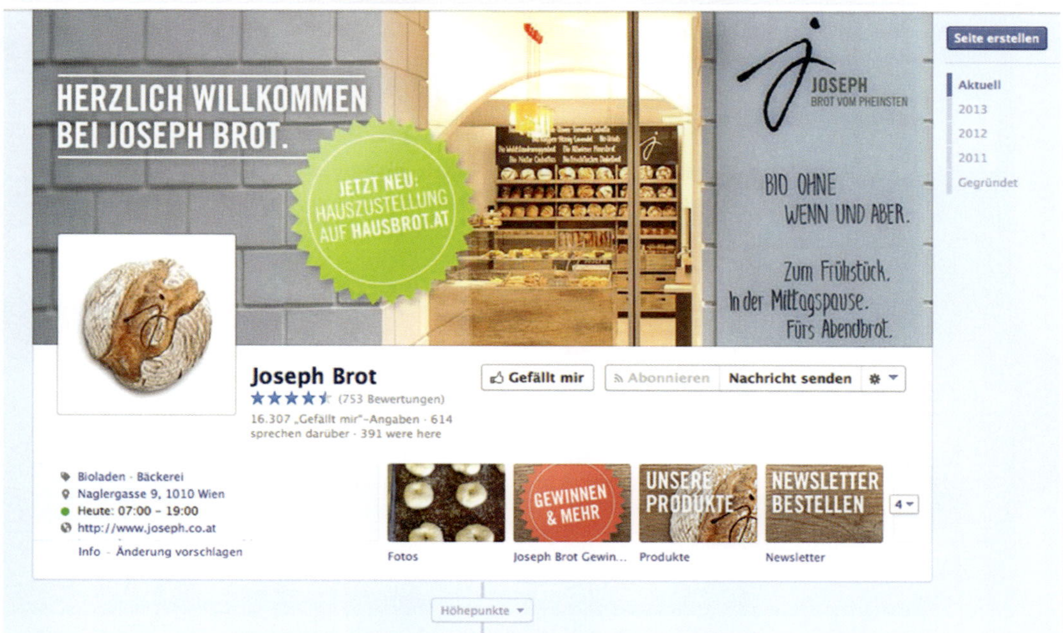

ERGEBNIS

Seit Start ist die Anzahl der Fans um 200% gestiegen

- Mehr als 450 Gewinnspielteilnehmer
- 85 Fans empfehlen Joseph Brot weiter
- 682 neu generierte Newsletterabos

Fakten:

Was?
Facebook-Fanseite

Wer?
Joseph Brot

Wo?
Wien, Österreich

Wann?
Bis heute

BLUTSPENDERSUCHE

FACEBOOK WIRKLICH SINNVOLL GENUTZT

Mit Facebook auf der Suche nach Blutspendern.

Eine gute Idee, die Menschenleben rettet.

DIE IDEE

Das israelische „Centre for Victims of Terror and War“ (NATAL) nutzt Facebook für einen sinnvollen Zweck. Zusammen mit einer Agentur wurde die Kampagne „Blood Groups“ ins Leben gerufen. Die Idee ist, über Facebook passende Blutspender zu finden. Es wurden acht Facebook-Gruppen gegründet, die den jeweiligen Blutgruppen entsprechen. Facebook-Mitglieder, die bereit sind, Blut zu spenden, können der jeweiligen „Blutgruppe“ beitreten. Die Gruppen haben einen immensen Zulauf, sodass mittlerweile auch das israelische Rote Kreuz auf die Gruppen zugreift, wenn es im Notfall einen passenden Spender sucht.

DAS BESONDERE

Der Vorteil, den Facebook bietet, nämlich die globale Reichweite, wurde für einen sinnvollen und lebensrettenden Zweck eingesetzt. Die Aktion wurde medienwirksam umgesetzt und führte so dazu, dass viele Menschen, die vorher keine Blutspender waren, den „Blutgruppen“ beitraten.

Fakten:

Was?
Facebook-Seite

Wer?
NATAL

Wo?
Israel

Wann?
2011 bis heute

ERGEBNIS

- Riesiges mediales Echo
- Tausende Menschen sind den „Blutgruppen“ beigetreten
- Viele Menschenleben wurden gerettet

”

Fantasie ist wichtiger als Wissen, denn Wissen ist begrenzt.

Albert Einstein

DEIN FACEBOOK-GESICHT

ZEIGEN, WAS MAN KANN

Für „Gefällt mir“-Angaben lässt die Mappenschule Stuttgart von Teilnehmern der Mappenkurse Facebook-Profilbilder zeichnen.

DIE IDEE

Mappe mit Profilbild: Für jedes „Gefällt mir“ auf der Facebook-Seite der Mappenschule Stuttgart erhält der User ein handgezeichnetes Porträt seines Facebook-Profilbildes, das als Posting auf der Pinnwand landet. Eine gute Gelegenheit, um zu zeigen, was man in der Mappenschule lernen kann. Und: Die Aktion ist beliebt. Einen Mangel an Vorlagen wird es für die Schüler kaum geben.

DAS BESONDERE

Eine Win-win-Situation: Die Mappenschule kann zeigen, was die Schüler in den Kursen lernen, und die Schüler haben einen stetigen Nachschub an kostenlosen Vorlagen. Als positiver Nebeneffekt steigt auch der Bekanntheitsgrad der Mappenschule.

Fakten:

Was?

Facebook-Aktion

Wer?

Mappenschule Stuttgart

Wo?

Stuttgart, Deutschland

Wann?

2010 bis heute

ERGEBNIS

Seit Beginn bis jetzt

1.941 Likes

auf Facebook

- In der Stuttgarter Universität gibt es Ausstellungen der gezeichneten Porträts der Mappenschule
- Die Mappenkurse erfreuen sich wachsender Beliebtheit

KEKS-GEBURTSTAG

TWIST, LICK AND DUNK – SEIT 100 JAHREN

Zum 100. Geburtstag hat Kekshersteller Oreo eine witzige Social-Media-Kampagne ins Leben gerufen. Natürlich steht der Keks mit Twist im Mittelpunkt.

DIE IDEE

Zum 100. Geburtstag der Marke veröffentlichte Oreo in verschiedenen sozialen Netzwerken jeden Tag ein kleines Keks-Kunstwerk – 100 Tage lang. Beeindruckend. Zu sehen waren aktuelle Ereignisse, Popkultur-News, Meilensteine der Geschichte, aber auch nationale Feiertage wie zum Beispiel der 4. Juli. Zum Abschluss der Kampagne wurde ein mobiles Studio auf dem New Yorker Times Square errichtet: Passanten durften Vorschläge für das finale Daily-Twist-Bild abgeben, das später auf einem digitalen Billboard und natürlich auch im Social Web live online ging. Die Fans wurden so direkt in die Aktion eingebunden.

DAS BESONDERE

Die Daily-Twist-Kampagne spielt mit dem "Twist, lick and dunk"-Ritual, das Oreo-Fans auf der ganzen Welt kennen. Auf einigen der Bilder ist auch der altbekannte Begleiter der Oreo-Kekse zu sehen – ein Glas Milch.

Fakten:

Was?

Social-Media-Kampagne

Wer?

Oreo, Nabisco,
Mondelez International

Wo?

USA

Wann?

Juni 2012

ERGEBNIS

Mehr als 433 Mio. Impressions auf YouTube

- Zuwachs der geteilten Inhalte um 280%
- 231 Mio. Media-Impressions
- Marke mit dem höchsten Buzz-Zuwachs im Jahr 2012 (+ 49%)

C&A FASHION LIKE

FACEBOOK-LIKES EROBERN DIE REALE WELT

Kleiderbügel mit integriertem Facebook-Like-Zähler gibt es bei C&A in Brasilien.

DIE IDEE

Was bei Onlineshops problemlos funktioniert, ist im realen Leben eher schwierig – Facebook-Nutzer, denen ein bestimmtes Kleidungsstück besonders gefällt, können das mit einem Facebook-Like kundtun.

C&A hat dieses Prinzip im Flagshipstore in São Paulo in die reale Welt importiert: Kleiderbügel erhielten einen Digitalzähler. Die „Likes“, die das Kleidungsstück auf der C&A-Facebook-Seite erhielt, erschienen in Echtzeit. „Likes“ für die auf zehn Teile beschränkte Muttertagskollektion konnte abgeben, wer die „C&A Fashion Like App“ auf seinem Smartphone installiert hatte. Den Kunden sollte die Kaufentscheidung durch die Beliebtheit eines Kleidungsstücks erleichtert werden.

DAS BESONDERE

Die Verknüpfung von Onlineverhaltensweisen mit der realen Welt.

ERGEBNIS

Mehr als 55.000 neue Fans auf Facebook

- C&A ist in Brasilien der größte Fashion-Brand auf Facebook
- Mehr als 285.000 neue Follower in den sozialen Netzwerken
- Über 800 Pressemeldungen
- Die Muttertagskollektion verkaufte sich besser als üblich

Fakten:

Was?
Social-Media-Aktion für die Muttertagskollektion

Wer?
C&A

Wo?
São Paulo, Brasilien

Wann?
Mai 2012

”

Mitdenken ist erlaubt.

Jeannine Halene

CATCH CASPER

PER MOBILER SCHNITZELJAGD IN DIE FRONTROW EINES GEHEIMEN KONZERTS

Der deutsche Erfolgsrapper Casper rief per Video zu einer Schnitzeljagd auf. Ziel: Findet Casper und das geheime Konzert.

DIE IDEE

Tausende Casper-Fans zogen am 5. September 2014 auf Schnitzeljagd durch Berlin. Von einem Tipp, der auf den Fritz-Frequenzen, auf Facebook und auf Twitter gestreut wurde, zum nächsten. Ihr Ziel war es, auf der Schnitzeljagd namens #catchcasper die begehrten Eintrittsbändchen für das ultrageheime Konzert abzustauben. Knapp 1.300 Fans konnten sich am Ende ein Bändchen ums Handgelenk kleben, um dann zusammen mit Casper ordentlich abzurocken.
Auf dem Dach eines zehn Meter langen Busses ließ Casper die Fans rocken und schwitzen. Dieses Mal ohne Band und ohne Pyrotechnik, dafür im Batikshirt. Es gab nur Casper und seinen DJ Joe.

DAS BESONDERE

Durch das Gefühl der Exklusivität und geheimer Informationen, live und persönlich gesendet von Casper, steigt die Verbundenheit der Fans zum Künstler.

ERGEBNIS

Mehr als 46.000 Aufrufe der Videos auf Vimeo

- Große Verbreitung in sozialen Netzwerken
- Casper schreibt selbst: „Vielen, vielen, vielen tausend Millionen Dank an alle, die am 5.9. dabei waren! Es war ein unvergessliches Erlebnis und ein Wahnsinnskonzert! Whooo!“

Fakten:

Was?
Virale Aktion

Wer?
Casper

Wo?
Berlin, Deutschland

Wann?
2014

Code scannen für Spot auf Vimeo

DUMM STERBEN

DUMMHEIT SCHÜTZT NICHT VOR DEM TOD

Am Bahnsteig lauert Todesgefahr. Deshalb: Abstand halten zu den Schienen! Die Onlinekampagne warnt: Wer zu nah am Bahnsteig steht, kann von vorbeirasenden Zügen mitgerissen werden.

DIE IDEE

„Dumb ways to die“ ist eine Sicherheitskampagne der Metro Trains in Melbourne, Australien. Sie will Unfälle verhindern, bei denen Menschen zu nahe am Bahnsteigrand standen. Sie pointiert, dass Menschen durch den Sog durchfahrender Züge mitgerissen und getötet werden können. Die Kampagne setzt auf virales Marketing und wurde von einer Werbeagentur in Melbourne entwickelt. Besondere Aufmerksamkeit erlangte die Kampagne durch das gleichnamige Musikvideo, das im November 2012 veröffentlicht wurde. Es zeigt Zeichentrickfiguren, die auf unterschiedliche, oft brutale Art und Weise zu Tode kommen.

DAS BESONDERE

Auf naive Art und Weise wird eine Gefahr für das Leben visualisiert und der Zielgruppe kommuniziert.

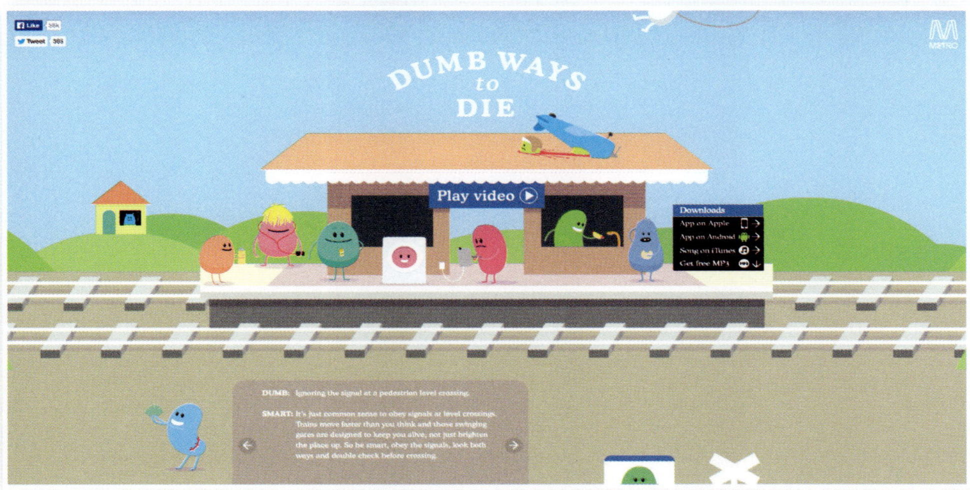

ERGEBNIS

Mehr als **10 Mio.** Views auf YouTube in den ersten 10 Tagen

- 3,8 Mio. Shares seit der Aktion
- Rückgang der Unfälle an Metrostationen um 21 %
- Der Hauptsong erreichte Platz 10 der iTunes-Charts

Fakten:

Was?
Virale Kampagne

Wer?
Metro Trains

Wo?
Melbourne, Australien

Wann?
2012

Code scannen für Video auf YouTube

4.5

KAMPAGNEN

WÖRTLICH GENOMMEN

SPIEGELEI ODER KUSCHELKISSEN?

Sind es Bettdecken, die wie Käsescheiben aussehen?
Ist das ein Kopfkissen oder ein Spiegelei?
Das ist beides in einem! Eine kreative Lösung,
Bed & Breakfast zu vereinen.

DIE IDEE

Für die „Bed & Breakfast“-Angebote der B&B Hotels wurde eine Kampagne entwickelt, die beide Begriffe auf ganz interessante, visuelle Art und Weise kombiniert.

DAS BESONDERE

Ein gängiger Begriff, nämlich „Bed & Breakfast“, wird hier wörtlich genommen. Das überrascht und fällt ins Auge!

ERGEBNIS

- 2012: Umsatz bei B&B Hotels klettert in die Höhe
- Es wurden mittlerweile viele neue Hotels eröffnet – gute Werbung zahlt sich eben aus

Fakten:

Was?

Printkampagne

Wer?

B&B Hotels GmbH

Wo?

Deutschland

Wann?

Juli 2012

BACKEN FÜR BRÜSTE

MIT BRÖTCHEN GEGEN BRUSTKREBS

Dänemarks größter Backwarenhersteller Kohberg backt Brötchen, um den Kampf gegen Brustkrebs zu unterstützen.

DIE IDEE

Der größte dänische Backwarenhersteller unterstützte den Kampf gegen Brustkrebs in Dänemark mit einer guten Idee. Um im Brotregal aufzufallen, wurde der Brötchentüte ein rosa BH „angezogen“. Die Brötchen bildeten ganz offensichtlich die Brüste. Für jede verkaufte Packung spendete Kohberg eine Krone an „Kræftens Bekæmpelse“ (Danish Cancer Society). Unterstützt wurde die Kampagne durch eine Website mit vielen Hintergrundinformationen, Plakate in Supermärkten und LKW-Beklebungen.

DAS BESONDERE

Eine eindrucksvolle Aktion, die nicht nur eine gute Sache unterstützt, sondern auch das Ansehen des Unternehmens in ein gutes Licht rückt. So etwas bleibt im Gedächtnis: Kohberg – die mit den BH-Brötchen.

Fakten:

Was?

Brötchen

Wer?

Kohberg
Bakery Group A/S

Wo?

Dänemark

Wann?

2011

ERGEBNIS

Mehr als 180.000 verkaufte Verpackungen **in 75 Tagen**

- 180.000 DKK für den guten Zweck
- Großes mediales Interesse
- Virale Verbreitung über das Internet

OUT IST IN

LUST AUF DRAUSSEN MACHEN MIT GEGENSÄTZEN IN WORT UND BILD

Das, was Sie lesen, ist nicht das, was Sie sehen. Dennoch löst es sofort Sehnsucht aus. Die richtige Kleidung dafür hat Schöffel.

DIE IDEE

Mit dem Markenclaim „Ich bin raus“ positioniert sich die Traditionsmarke bewusst gegen ein übertriebenes Leistungs- und Effizienzdenken, das nicht nur die Arbeitswelt, sondern auch unsere Freizeit bestimmt. Schöffel fordert und fördert authentische Naturerlebnisse.

DAS BESONDERE

Nicht das Produkt selbst steht im Mittelpunkt, sondern die Sehnsucht der Zielgruppe, welche diese dann zur Marke führt.

ERGEBNIS

Steigerung der Markenbekanntheit um 50 %

- Wandel vom verschlafenen Image zur wachen Marke

Fakten:

Was?

Printkampagne

Wer?

Schöffel Sportbekleidung GmbH

Wo?

Deutschland, Österreich, Schweiz

Wann?

2012

Code scannen für TV-Spot auf YouTube

”

Man brauche gewöhnliche Worte und sage ungewöhnliche Dinge.

Arthur Schopenhauer

KREATIV STROM SPAREN

GESCHICKT GESTALTET WERDEN AUCH VERBRAUCHERTIPPS GERNE ANGENOMMEN

The Manila Electric Company, der größte Stromversorger der Philippinen, schuf mit verkabelten Taschen ein besseres Bewusstsein fürs Stromsparen.

DIE IDEE

Während der Weihnachtszeit verteilte der Stromanbieter Meralco spezielle Taschen, um die Bevölkerung über das Thema Stromverbrauch aufzuklären und zu informieren. Die Taschen enthielten praktische Tipps, um im Alltag Strom zu sparen und damit die Rechnung niedrig zu halten.

DAS BESONDERE

Kein langes Werbegeschwafel, sondern konkrete Tipps und Aussagen, welche die Verbraucher direkt umsetzen konnten. Eine prima Werbeidee, die nicht nur direkten Mehrwert lieferte, sondern auch die Sympathiewerte der Marke in die Höhe schnellen ließ.

Fakten:

Was?
Print-Bags-Kampagne

Wer?
Meralco

Wo?
Manila, Philippinen

Wann?
2008

ERGEBNIS

60%
fanden die Tipps
einen Versuch wert

- 2.145 Teilnehmer bei der Umfrage
- 94% wollten die Tipps im Büro testen
- Verbreitung bei Designblogs und "Ads of the world"
- Sehr positive lokale Presse

SCHEISSJOB ADE!

DAS LEBEN IST ZU KURZ FÜR DEN FALSCHEN JOB – LAUTET DAS MOTTO DER JOBSINTOWN-KAMPAGNE

Ausbeutung, niedrige Löhne und dann auch noch einen Scheißjob machen? Nicht mit der aufmerksamkeitsstarken Kampagne von Jobsintown!

DIE IDEE

Für Deutschlands größte Jobbörse Jobsintown lief von 2006 bis 2010 die Kampagne „Das Leben ist zu kurz für den falschen Job“. Diverse Werbemotive und Aktionen begleiteten die aufsehenerregende Kampagne. Aufgrund der hohen Nachfrage wurde eine eigene Webseite für die Kampagne gegründet.

DAS BESONDERE

Dass man auch ohne „Arschkriechen“ Karriere machen kann, spricht der Zielgruppe aus der Seele! Die Kampagne spielt mit beruflichen „Scheiß“-Situationen, wie wir sie wohl alle kennen. Einfach, ehrlich, lustig!

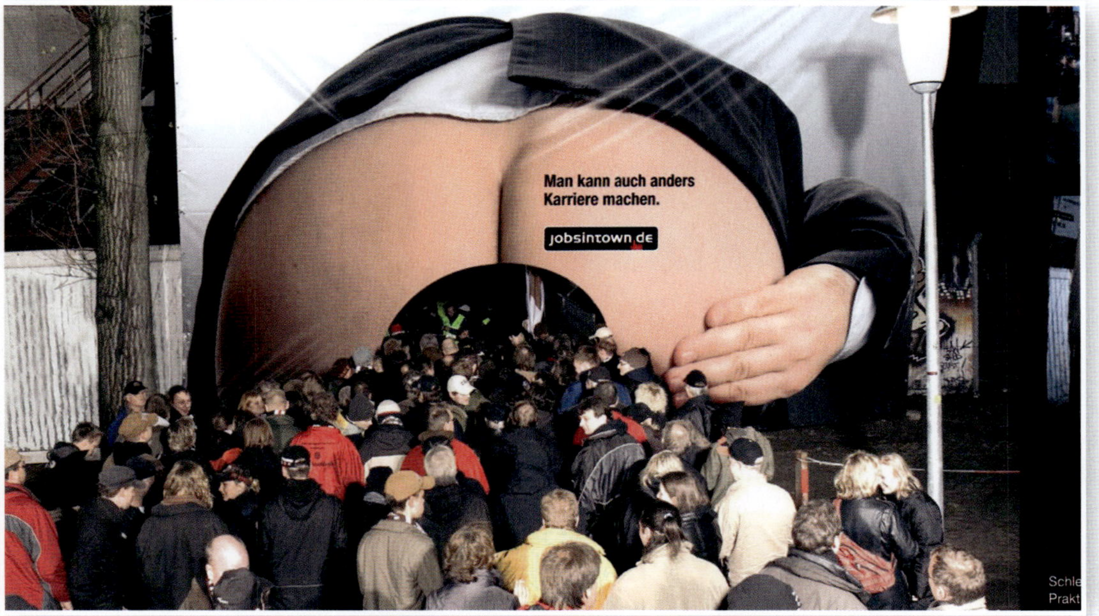

Die Arschkriecher-Installation im Millerntor-Stadion des FC St. Pauli ist sehr bekannt und wurde auf vielen Werbeblogs vorgestellt.

ERGEBNIS

- Die Werbekampagne hat in den Jahren 2006, 2007 und 2008 zahlreiche internationale Preise gewonnen, u. a. mehrere Cannes-Löwen und ADC-Auszeichnungen
- Jobsintown zählt heute zu den führenden Stellenmärkten im Internet

Fakten:

Was?
Werbekampagne

Wer?
jobsintown.de

Wo?
Deutschland

Wann?
2006–2010

Code scannen für TV-Spot auf YouTube

LACHEN IST GESUND

ZUM SCHMUNZELN GUT

Humor ist dem Kölner ganz wichtig. Deswegen kann er auch über sich selbst lachen und diese Kampagne in Düsseldorf verbreiten.

DIE IDEE

Mit dem witzigen, zweideutigen Slogan „Schaut euch mal die Kölner Affen an!" entstand eine Außenwerbekampagne, die sicherlich die Düsseldorfer zum Schmunzeln gebracht hat.

ERGEBNIS

- Deutlich mehr Zoobesucher aus Düsseldorf
- Köln verdient einen großen Sympathiepunkt

BAUARBEITERDEKOLLETÉS

Wenn die Hose rutscht und das Hinterteil freigelegt wird, ist es nur noch peinlich und zum Fremdschämen.

DIE IDEE

Das Handwerk sucht Nachwuchs. Um Jugendlichen eine Ausbildung schmackhaft zu machen, überlegten sich die Kreativen eine witzige Kampagne. Zur Printaktion gab es zusätzlich ein Mailing, einen Kalender und Promoter, die mit den abgebildeten Shirts in verschiedenen Städten warben.

ERGEBNIS

- Jetzt wissen wir, warum wir den Ausdruck „Bauarbeiterdekolletés“ benutzen
- Es wurde ein starker Zuwachs an Auszubildenden in Handwerksberufen verzeichnet

”

Unser Leben ist zu wertvoll, um alltäglich zu sein.

Hermann Scherer

GRAFFITISTAR

WILLST DU WAS AUSSERGEWÖHNLICHES MACHEN? BECOME A COP!

Um die richtige Zielgruppe anzusprechen, setzt die neuseeländische Polizei auf Streetart.

DIE IDEE

Die neuseeländische Polizei suchte auf ungewöhnliche Weise nach neuen Angestellten. Der Streetart-Künstler Otis Frizzell setzte sieben der spektakulärsten Kriminalfälle aus der Vergangenheit als Graffiti-Storys um. Alle sieben befinden sich in den Gegenden, in denen sie passiert sind.

DAS BESONDERE

Die Polizei sucht besondere Menschen und die muss man eben auch auf eine besondere Art und Weise ansprechen. Das ist mit dieser Aktion mehr als gelungen!

ERGEBNIS

Unzählige
Bewerbungen und
400
neue Mitarbeiter

- Die Bewerber sind überwiegend jünger als sonstige Bewerber und entsprechen somit der gewünschten Zielgruppe
- Auch die Masse an Bewerbungen ist deutlich angestiegen

Fakten:

Was?

Guerillaaktion

Wer?

Polizei Neuseeland

Wo?

Auckland, Wellington, Christchurch, Neuseeland

Wann?

2011

Code scannen für die Website

KRÄUTERKULT

WENN DIE KAN ALMDUDLER HAB'N, GEH' I WIEDER HAM!

Der Claim blieb, der Rest wurde entschlackt und mit frischen Kräutern aufgepeppt. Was bleibt? Geschmack und eine große Portion Humor in der Mischung.

DIE IDEE

Das österreichische Traditions- und Familienunternehmen Almdudler ist bekannt für seine Kräuterlimonade. Das etwas angestaubte Image wurde nun kräftig aufpoliert und macht aus dem Gebräu ein kultiges Großstadtgetränk.

DAS BESONDERE

Wie schafft man einen Imagewechsel? Richtig: Indem man neue Wege geht! Almdudler hat ein vergessenes Produkt wieder trendy gemacht und dabei noch eine neue Zielgruppe erschlossen.

ERGEBNIS

20%
Umsatzanstieg in Deutschland
durch die Kampagne

- Die Markenbekanntheit konnte in Deutschland um 70% gesteigert werden
- In Süddeutschland sogar auf 90%!

Fakten:

Was?
Anzeigenkampagne

Wer?
Almdudler Limonade,
A. & S. Klein GmbH & Co KG

Wo?
Deutschland

Wann?
April 2012

Code scannen für TV-Spot auf YouTube

4.6

PLAKATE & PRINT

STÄRKEN & SCHWÄCHEN

PERSONALENTWICKLUNG AUS DEM ANDEREN BLICKWINKEL

Ein Perspektivenwechsel in Text und Bild macht normale Anzeigen zu einem Hingucker und vermittelt einen ganz eigenen Humor.

DIE IDEE

Bienheim & Bienheim ist eine Agentur für Personal- und Organisationsentwicklung. Eine pfiffige Kampagne mit starken Texten pointiert die Kernkompetenzen und beweist: Humor wirkt und sticht aus dem Einerlei mancher Mitbewerber heraus.

DAS BESONDERE

Die Kampagne trifft die Zielgruppe mit starken Aussagen genau da, wo ihr „wunder Punkt“ liegt, und hinterlässt das Gefühl: „Die kennen mich – denen vertraue ich!“

Fakten:

Was?

Anzeigenkampagne

Wer?

Bienheim & Bienheim

Wo?

Deutschland

Wann?

2010

ERGEBNIS

- Große Verbreitung auf bekannten Werbe- und Designblogs im Internet
- Design-made-in-Germany berichtete unter anderem über die Anzeigenaktion
- Anstieg der Anfragen bei Bienheim & Bienheim

No tale – no sale.

SICHTBARE VERÄNDERUNG

X-RAY BAGS

Tragetaschen mit Durchblick, entworfen für den Berliner Lingerieshop „blush“. Diese kamen so gut an, dass einige Frauen den Laden nur aus einem Grund aufsuchten: um eine Tasche zu ergattern – und natürlich kauften sie auch. Viele Frauen tragen die Taschen übrigens noch immer – als Accessoire. So wird Werbung zum Statement.

SIXPACK VON WHEATIES

Kann man durch Essen seine Fitness, sein Aussehen und sein Selbstbewusstsein verbessern? Man kann! Sagt jedenfalls Wheaties und schwört auf Frühstückscerealien. Das drückt die Tüte der Marke aus – scheint zu funktionieren. Die Tüten kamen bei den Kunden sehr gut an.

PLASTIC SURGERY TO GO

So könnte Ihre neue Nase aussehen. Lustige Idee für einen Schönheitschirurgen aus Toronto in Kanada.

Mutig sein
heißt neue
Wege gehen.
EW WA

AUFREGENDER DRUCK

BESSER ALS MUTTERMILCH

Die Molkerei Ammerland nimmt für ihr Produkt einfach mal den Konkurrenzkampf mit der schärfsten Rivalin auf – und gewinnt.

DIE IDEE

Aus einem kleinen Budget wurde eine große Idee. Das Unternehmen ist sich sicher: Keine andere Milch schmeckt so gut wie die von Ammerland – und das scheinen auch die Kleinsten unter uns zu bestätigen.

ERGEBNIS

- Große Verbreitung auf bekannten Werbe- und Designblogs im Internet
- Gewinner des Epica-Award in Gold der Kategorie Print

SCHWINDELERREGENDE SACHE

Mit einer einfachen Idee gibt es wackelige Knie und ein Adrenalin-Erlebnis, ohne hinzufallen. Neue Perspektiven machen es möglich.

DIE IDEE

Beim Blick auf den Fahrstuhlboden zeigt sich die Skyline von oben. Ein Aufkleber macht's möglich. Da der größten Schweizer Schule fürs Fallschirmspringen das Budget für eine große Kampagne fehlte, initiierte sie diese Ambient-Aktion. Kleine Mittel können Großes bewirken.

ERGEBNIS

- Großes mediales Interesse, national und international
- Viele Berichte in TV-Sendungen und Magazinen
- Rasantes Auftragswachstum seit der Kampagne

HAARIGE WERBUNG

HAARE AB!

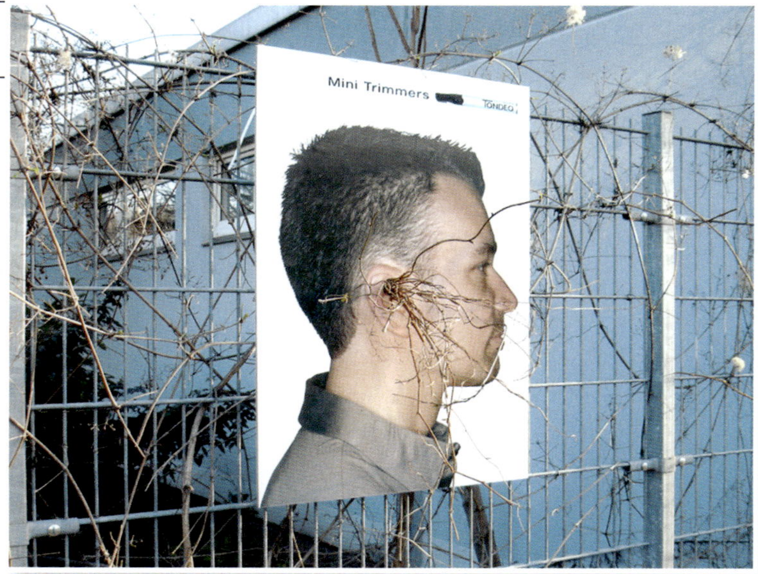

Haarsträubende Werbung für den Ohr- und Nasenhaar-Trimmer von Tondeo. Das Unternehmen fragte sich: Wo sieht die Zielgruppe hin? Die Antwort: auf Plakate in Parks und am Fußgängerweg beim Spazierengehen. Genau dort hängte Tondeo seine Poster hin, bezog das Umfeld clever mit ein und ließ den Personen im Großformat Pflanzen und Sträucher aus der Nase oder dem Ohr „wachsen".

Die Aktion sorgte nicht nur für viele Lacher und Gesprächsstoff, sondern steigerte auch die Nachfrage im Verkauf. Die Klickrate der Website erhöhte sich während dieser Aktion zusehends.

STOPPELFREI!

BIC ist einer der weltweit führenden Hersteller von Rasierern, Schreibwaren und Feuerzeugen. Eine Außenwerbung, die auffällt: ein überdimensional großer Bic-Rasierer als Rasenmäher vor einer weißen Plakatwand. Lediglich das Logo weist auf die Marke hin. Die Aktion spricht für sich und das Produkt.

THINKING
VISION
MIND
IDEA
GINATION
OVATION
INSPIRATIO
Let it glow!
CREATIVITY

Kindern erzählen wir Geschichten, damit sie einschlafen. Erwachsenen, damit sie aufwachen.

Hermann Scherer

LEBENDIGE AKQUISE

MAKABERE WERBUNG FÜR EINEN BESTATTER

Ob geschmacklos und deplatziert oder eine hervorragende Marketingleistung – das muss jeder für sich selbst entscheiden. Ein Hingucker ist es auf jeden Fall.

DIE IDEE

Es gibt Gewerbe, für die lässt sich nur schwer werben. Eines davon sind Bestattungsunternehmen. Während in anderen Ländern viel offener mit dem Tod umgegangen wird, findet man in Deutschland kaum Kampagnen für Bestatter. In Berlin wurde ein Versuch gestartet, die „alten Strukturen" der Branche aufzubrechen. Für eineinhalb Wochen hing in der U-Bahn-Haltestelle Schwarzkopffstraße ein Plakat mit der großen Aufschrift: „Kommen Sie doch näher." Der Clou an der Aktion: Es hing hinter den U-Bahn-Gleisen. Der Deutsche Werberat war wenig begeistert und rügte das Unternehmen, da das Plakat Menschen zum Suizid animieren könnte. Laut Inhaber des Bestattungsunternehmens waren aber 90 bis 95 Prozent der Reaktionen positiv.

DAS BESONDERE

Ein Beispiel an den Nachbarländern genommen und einem pikanten Thema mit schwarzem Humor begegnet. Ob man es mag, ist Geschmackssache. Die überwiegend positiven Reaktionen zeigen aber, dass die Deutschen das Thema doch nicht so todernst nehmen.

ERGEBNIS

95%

der Reaktionen auf das Plakat waren positiv

- (Nicht-öffentliche) Rüge vom Deutschen Werberat
- Weltweite virale Verbreitung
- Thema in vielen Blogs

Fakten:

Was?

Plakat

Wer?

Bergemann & Sohn, Bestattungsinstitut

Wo?

Berlin, Deutschland

Wann?

April 2012

FEINSCHLIFF

JOBANZEIGE MAL ANDERS – MIT NEUEN TECHNIKEN WIRD DIE BEWERBUNG ZUM ERLEBNIS

Die QR-Code-Technik dient dieser sonst simplen Printanzeige in einer Tageszeitung als interaktives Element für Bewerbungen als Tattoo-Artist.

DIE IDEE

Kreative Jobs brauchen kreative Anzeigen. Wer sich bei einem neu eröffneten Tattoostudio bewerben will, muss den vorgegebenen QR-Code, der auf vermeintliche Haut vorgedruckt ist, mit einem feinen Stift sauber ausmalen und abfotografieren, um seine Fingerfertigkeit zu beweisen. Nur wenn der QR-Code gelesen werden kann, führt er zum richtigen Link für die Bewerbung.

DAS BESONDERE

Eine einzigartige Anzeige, die genau die richtigen Bewerber für diesen Job anspricht und darüber hinaus auch noch Kunden anlockt.

ERGEBNIS

Mehr als 30.000 Likes & Shares für die Aktion

- Berrge Tattoo hat durch die Aktion haufenweise Bewerbungen erhalten und viele talentierte Tätowierer kennengelernt
- Zwei davon wurden eingestellt
- Verstärkte Nachfrage der Dienstleistung nach der Aktion

Fakten:

Was?

Printanzeige

Wer?

Berrge Tattoo

Wo?

Istanbul, Türkei

Wann?

2012

KRATZIGE SACHE

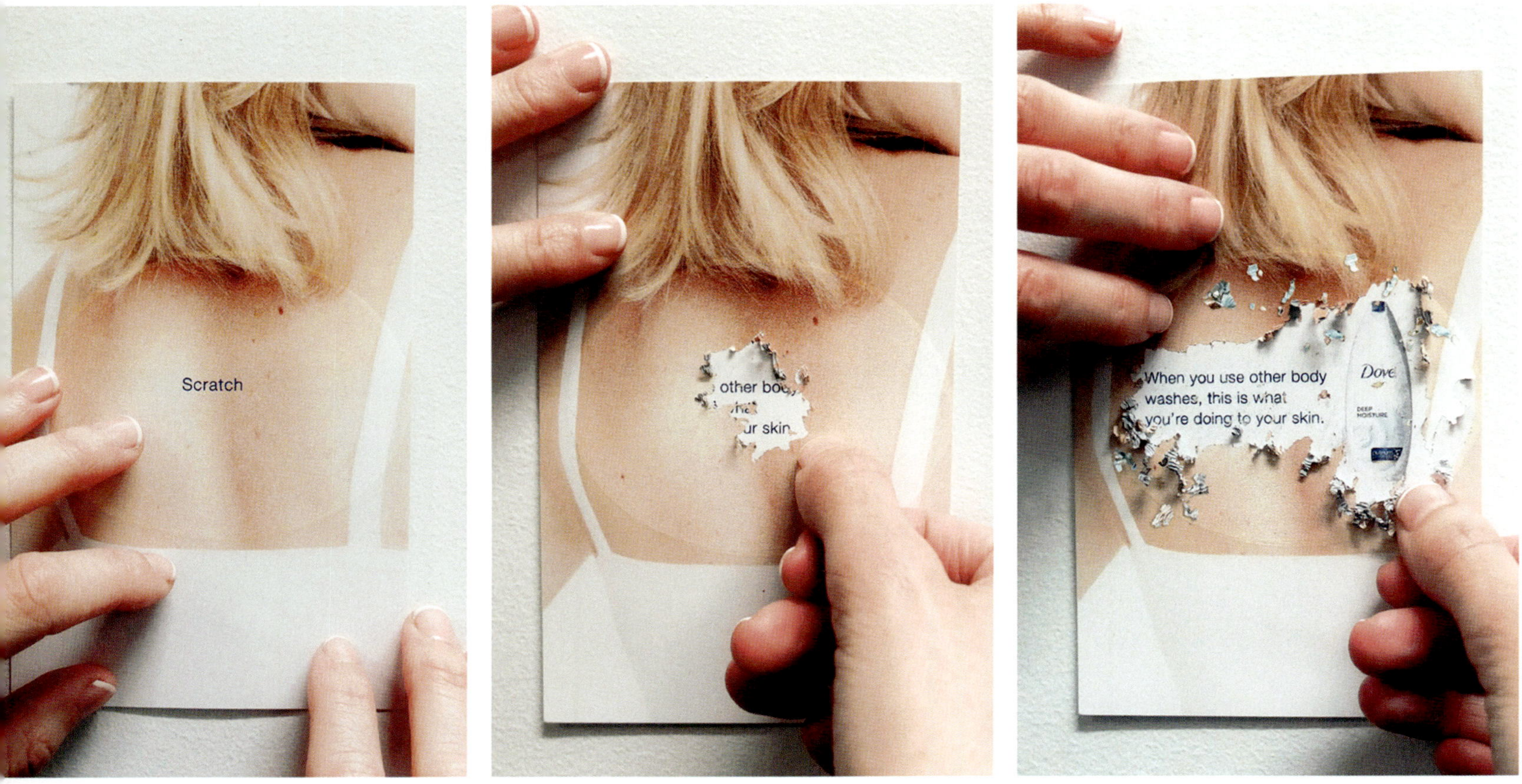

HAPTISCHE PRODUKTERKENNTNIS

Bei diesem Flyer mit Rubbellos-Charakter gibt es was zu gewinnen: die Erkenntnis des Produktvorteils.

DIE IDEE

Ähnlich wie bei einem Rubbellos wird der Leser aufgefordert, auf dem Foto eines Frauenrückens zu kratzen. Unter dem Rubbelfeld erscheint der Text: "When you use other body washes, this is what you're doing to your skin." Und der Produkt-Packshot: eine Dove-Bodymilk. Die Aktion war ein kreatives Mailing an Top-Lifestyleblogger in Kanada.

ERGEBNIS

- 14% Erhöhung des Gesprächsanteils über das Produkt im Web
- 1,8 Mio. Pageimpressions während der Aktion
- Weite virale Verbreitung im Web

DIE ECKE DENKEN
Manchmal
braucht es einen
Perspektivenwechsel.

Erlaubt ist, was gelingt.

Max Frisch

WAS NICHT PASST ...

... PASST EBEN NICHT. DAS ZEIGT DIE IDEE DER PRINTANZEIGEN VON VW AUF EINEN BLICK!

Die Idee ist einfach – die Aussage riesig.

DIE IDEE

Die Anzeige bildet Fotos ab, die in Puzzleteile aufgeteilt sind. Jeweils eines dieser Puzzleteile wird durch einen sehr unpassenden Gegenstand ersetzt. So wird zum Beispiel aus der Kontaktlinse eine Reißzwecke und aus dem Frisbee eine Schlange, gefolgt von dem Slogan: "Just because it fits, doesn't mean it'll work. Choose Volkswagen Genuine Parts."

DAS BESONDERE

Der Autohersteller bedient sich einer völlig fremden Bildwelt fernab vom Thema Auto. Mit den eindrucksvollen „Fehler"-Motiven erreicht er seine Kunden und warnt sie vor den Folgen markenfremder Ersatzteile.

Fakten:

Was?

Printanzeige

Wer?

Volkswagen AG

Wo?

Südafrika

Wann?

2013

ERGEBNIS

- Die Kampagne erhielt viel Aufmerksamkeit auf diversen Werbe- und Designblogs
- Gewinner eines Cannes-Löwen 2013

WERBUNG MIT BISS

PERFEKTES PRODUCT-PLACEMENT – PACKAGING ALS KREATIVE WERBEFLÄCHE

Awareness wecken – das gelingt Colgate mit einer überraschenden Verpackung.

DIE IDEE

Colgate stattete lokale Pizzerien mit speziellen Pizzakartons aus, um die neue Zahnpasta Colgate Max Night zu vermarkten. Der Text erinnerte die Kunden daran, sich nach dem Abendessen die Zähne zu putzen.

DAS BESONDERE

Smarte Werbung am richtigen Ort. Ist doch logisch – wer was isst, der muss danach die Zähne putzen.

Fakten:

Was?

Direct Marketing

Wer?

Colgate Max Night, Colgate-Palmolive

Wo?

Paris, Frankreich

Wann?

Oktober 2010

ERGEBNIS

Mehr als 3.000 local Impressions in den ersten 24 Stunden

- Radio-, TV- und Onlineberichterstattung
- Viele bekannte Designblogs berichteten und twitterten über die Aktion

BE BORN AGAIN

AUF TUCHFÜHLUNG MIT ALTEN MEISTERN

Die Werbung im Gebäude eines „Halbgotts“ in Weiß für Schönheitschirurgie ist geschickt platziert. Mit einer kleinen Berührung fühlt sich jeder wie ein „Adam“.

DIE IDEE

Eine lustige Interpretation von Michelangelos *Erschaffung Adams*. Jeder, der den Knopf am Aufzug drückt, wird quasi in die Kampagne integriert und soll im 3. Stockwerk bei dem plastischen Chirurgen die wahre Wiederbelebung erfahren.

ERGEBNIS

- Große Verbreitung auf bekannten Werbe- und Designblogs

Visionärsmantra

Make things Happen!

”

Werben ist kuscheln – kaufen ist Sex.

Jeanninе Halene

KLEINANZEIGEN

Die eBay Deutschland GmbH, ein Unternehmen der eBay Inc., San José, Kalifornien, ist Deutschlands größter Online-Marktplatz. Mit über 50 Millionen Artikeln in über 50.000 Kategorien, mehr als 18 Millionen Kunden und einer durchschnittlichen monatlichen Pro-Kopf-Verweildauer von 1:58 Stunden setzt eBay in Deutschland seit 1999 Standards im Online Retail Business.

Für unsere Elektronik-Sparte suchen wir zum* nächstmöglichen *Zeitpunkt:

LEUTE, DIE IRGENDWO EIN HANDY RUMLIEGEN HABEN (m/w)

Das erwarten wir von Ihnen:

Sie verfügen über keinerlei Detailkenntnis. Gerade weil eBay der größte Online-Marktplatz für Privatverkäufer ist, müssen Sie sich nicht mit Ihren Produkten auskennen. Wieso auch? Wir brauchen Sie, weil Sie etwas haben, das Sie nicht mehr brauchen – wir finden, das muss dann auch reichen. Sagen Sie einfach, in welchem Zustand sich Ihr Mobiltelefon befindet, mehr müssen Sie nicht tun! Beratung, Beschreibung, Bezahlung. **Erledigen alles wir.**

Und wenn Sie lieber Ihre Digitalkamera loswerden möchten? Jede Minute wird bei eBay eine verkauft. Grund genug, sie ein letztes Mal in die Hand zu nehmen und versandfertig zu machen. Oder Sie widmen sich ihrer CD-Sammlung. Und freuen sich über einen leicht erhöhten Stundenlohn. Sie brauchen nur 60 Sekunden zum Einstellen! Und verdienen durchschnittlich 29 Euro an „All Eyez on Me" von Tupac – das entspricht 1740 Euro in einer Stunde. 1740 Euro, mit denen Sie sich im Zweifelsfall viele weitere Handys zum Herumliegenlassen kaufen können.
Großartig, oder? **Jetzt Verkäufer bei ebay.de werden.**

eBay sucht Verkäufer ebay™

FÜHLEN SIE SICH ANGESPROCHEN? DANN HAT DIESE ANZEIGE SCHON FUNKTIONIERT!

Das Internetauktionshaus eBay macht mit extravaganten Textfeldanzeigen auf sich aufmerksam.

DIE IDEE

Mithilfe klassischer Kleinanzeigen in Tageszeitungen suchte eBay für noch mehr Auktionen weitere Verkäufer. Kreative Texte und Hingucker-Headlines ließen die Anzeigen in dem sonstigen Wust an Kleingedrucktem direkt auffallen und brachten die Leser zum Schmunzeln.

DAS BESONDERE

Bei dieser Umsetzung ist das Produkt selbst die Idee: eine Kleinanzeige! Ist sinnvoll, oder?

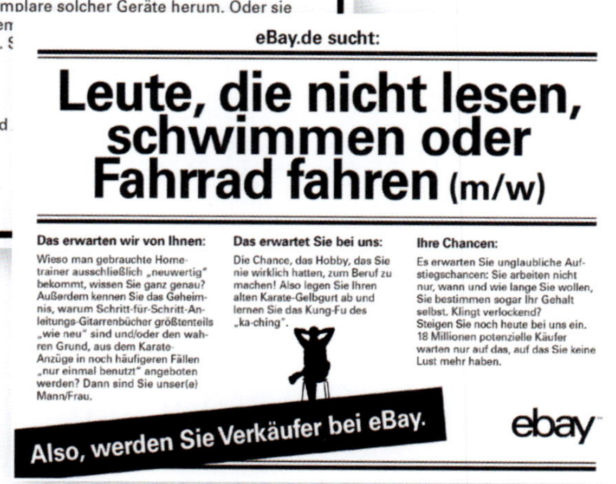

Fakten:

Was?

Print-Kleinanzeigen

Wer?

eBay

Wo?

Deutschland

Wann?

März 2013

ERGEBNIS

- Auszeichnung mit einem ADC-Nagel
- Kurzfristiger Anstieg der Verkäufe über eBay

MINIMALISMUS RULES

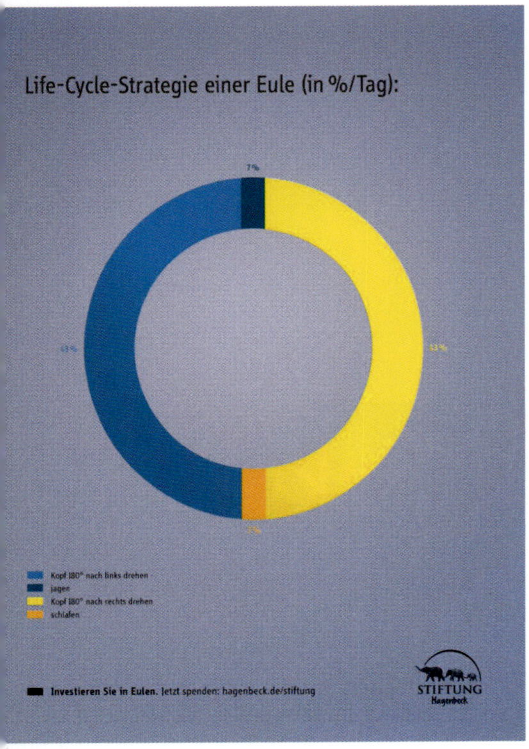

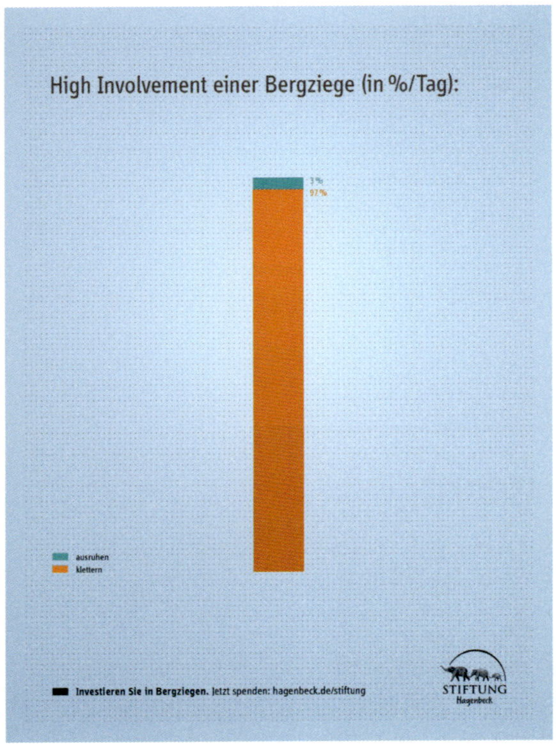

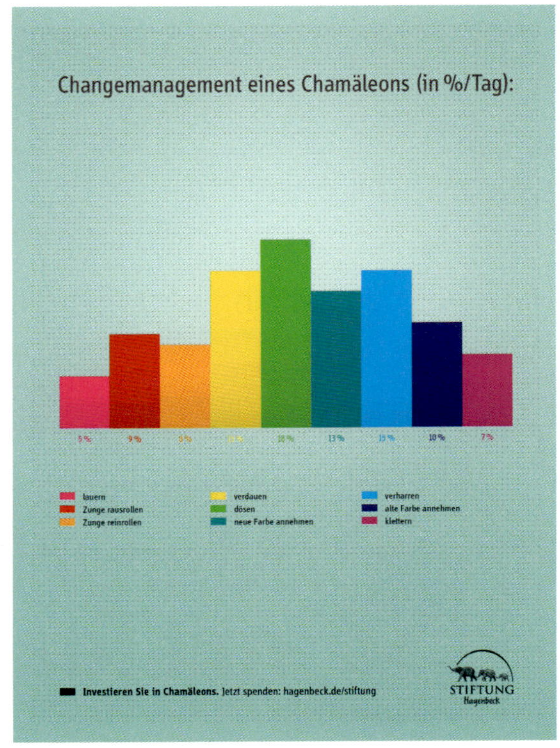

UNGEWÖHNLICHE DIAGRAMME

Für den Tierpark Hagenbeck gab es eine Spendenaktion, die sich an wohlhabende Hamburger Geschäftsleute und Privatspender richtete.

DIE IDEE

Balken-, Torten- und Liniendiagramme visualisieren den Zustand des Tierparks. Das ist die Sprache der Zielgruppe, der Banker und Businessleute, die eher von solchen Darstellungen angezogen werden als von den üblichen bunten Tierfotos. Eine Einladung zum Spenden auf raffinierte Art. Die Printkampagne erschien in der Vorweihnachtszeit, da hier die Spendenbereitschaft bekanntlich höher ist.

ERGEBNIS

- Lokale Firmen spendeten für die Tiere im Zoo

SICHTBAR GUTES MARKETING

Brille, lesen, Sätze, Wörter, Buchstaben. Voilà! Eine kreative Kampagne für die Brillenmarke Rodenstock ist entstanden.

DIE IDEE

Hier verbindet sich eine Reihe von Brillen, mithilfe verschiedenster Typografien dargestellt, zu einem Gesamtkunstwerk. Diese minimalistische Visualisierung unterstreicht das puristische Design der Kollektion. Die Kampagne steigerte das Bewusstsein der Kunden für Vielseitigkeit und hohe Qualität der Rodenstock-Lesebrillen.

ERGEBNIS

- Seit dem Start der Kampagne stieg der Verkauf um 6 % an

ABREISSER-MASCHE

ROCK ZUM ABREISSEN

Einfache, aber wirkungsvolle Straßen-Flyerwerbung für Ballettunterricht in Tutu-Form.

DIE IDEE

Werbung für Ballettstunden: mit einem rosafarbenen Flyer mitten auf der Straße. Die ausgestellten Abreißzettel sehen dabei aus wie ein Tutu-Röckchen. Das ist ein echter Hingucker und außerdem kostengünstig und echt sympathisch.

DAS ERGEBNIS

- In Vivianne's Ballett Studio meldeten sich einige Neulinge an, die direkt mit dem Flyer in der Hand ins Studio kamen

ABGENOMMEN

So schnell können die Pfunde fallen – mit einer cleveren Perforation wird aus dem Flyer eine Abnehmkur.

DIE IDEE

Für Weight Watchers gab es diese kreativen Abreißzettel-Flyer an schwarzen Brettern in Supermärkten. Ein großer Effekt mit einer kleinen Idee und minimalem Aufwand.

DAS BESONDERE

- Die Abreißaktion steht in direkter Verbindung zum Markenversprechen. Wirklich gut gemacht!

”

Nichts ist so beständig wie der Wandel.

Heraklit

NEWS

4.7

APPS & WEB

TÜREN AUF & ZU PER APP

NIE MEHR DEN SCHLÜSSELDIENST RUFEN?

Das verspricht das junge Start-up Apigy. Per Crowdfunding wurde das nötige Geld für die Idee gesammelt.

DIE IDEE

Einfach und gut: Man benötigt keinen Schlüssel mehr, um in die eigenen vier Wände zu kommen. Das spezielle System wird über dem bisherigen Schloss angebracht. Über WLAN verbindet sich das Lockitron mit dem Internet und kann dann von jedem beliebigen Handy weltweit ferngesteuert werden. Wenn man sich der Tür nähert, wird das Schloss über Bluetooth direkt geöffnet. Es ist auch möglich, Zutrittsrechte an beliebige andere Personen zu vergeben. Lockitron schickt eine Nachricht, sobald die Tür auf- oder zugeschlossen wird, selbst wenn es mit einem Schlüssel geschieht. Außerdem wird man informiert, wenn jemand an der Tür klopft.

DAS BESONDERE

Hier wird die mobile Technologie mit Know-how und Sinn fürs Praktische ausgeschöpft.

ERGEBNIS

- Die erste Serie ist komplett ausverkauft
- Viele Berichte online, in der Presse und im TV

Fakten:

Was?
App

Wer?
Lockitron

Wo?
USA

Wann?
Seit 2011

Code scannen für Spot auf YouTube

BACK TO VINYL

DER OFFICE-TURNTABLE VERBINDET MAILING UND INTERAKTIVE APP MITEINANDER

Eine echte Platte auf einem Pappspieler laufen lassen – geht das? Auf jeden Fall! Mit einer besonderen App wird das Musikhören zu einem neuen Erlebnis.

DIE IDEE

Das Label Kontor startete ein Mailing der besonderen Art. Es verschickte eine tatsächlich spielbare Vinyl-Schallplatte. Ein Revival? Nein, denn die wird per App abgespielt.

DAS BESONDERE

Ein klassisches Mailing wird mit neuer Technik aufgepimpt. Das schafft Aufmerksamkeit bei der Zielgruppe.

Fakten:

Was?
Mailing & App

Wer?
Kontor Records

Wo?
Deutschland

Wann?
April 2013

Code scannen für Viral auf YouTube

ERGEBNIS

42%
folgten dem Link zum Onlineshop

- 71 % der 900 QR-Codes wurden aktiviert
- Das sind 64 % mehr als bei Mailings üblich

”

Erfolg ist nicht durch das Mit-, sondern durch das Vormarschieren realisierbar.

Hermann Scherer

GESICHT ZUM KUNDEN

EIN KINDERTRAUM WIRD WAHR:
DIE EIGENE GESICHTSWURST!

Die Fleischerei Reinert kreierte eine App, die an Kindheitserinnerungen anknüpft: Jeder kann sein eigenes Gesicht als Wurst sehen – und versenden.

DIE IDEE

Wer kennt das nicht: An der Fleischtheke gibt es für die Kurzen erst mal eine KIWU auf die Hand. Was wäre denn das für ein Knaller, wenn man die Wurst auch noch personalisieren könnte? Die Fleischerei Reinert lässt diesen Kindertraum mit einer App wieder aufleben: User können mit einem hochgeladenen Bild die eigene Gesichtswurst kreieren und diese dann als E-Card an Freunde und Familie verschicken.

DAS BESONDERE

Jeder kennt's und deshalb macht jeder mit, denn es weckt Erinnerungen.

Fakten:

Was?

App

Wer?

H. & E. Reinert, Westfälische Privat-Fleischerei GmbH

Wo?

Deutschland

Wann?

2011

ERGEBNIS

- Hat viele User zum Mitmachen animiert und der Marke unzählige Facebook-Fans beschert

MILES FOR MEALS

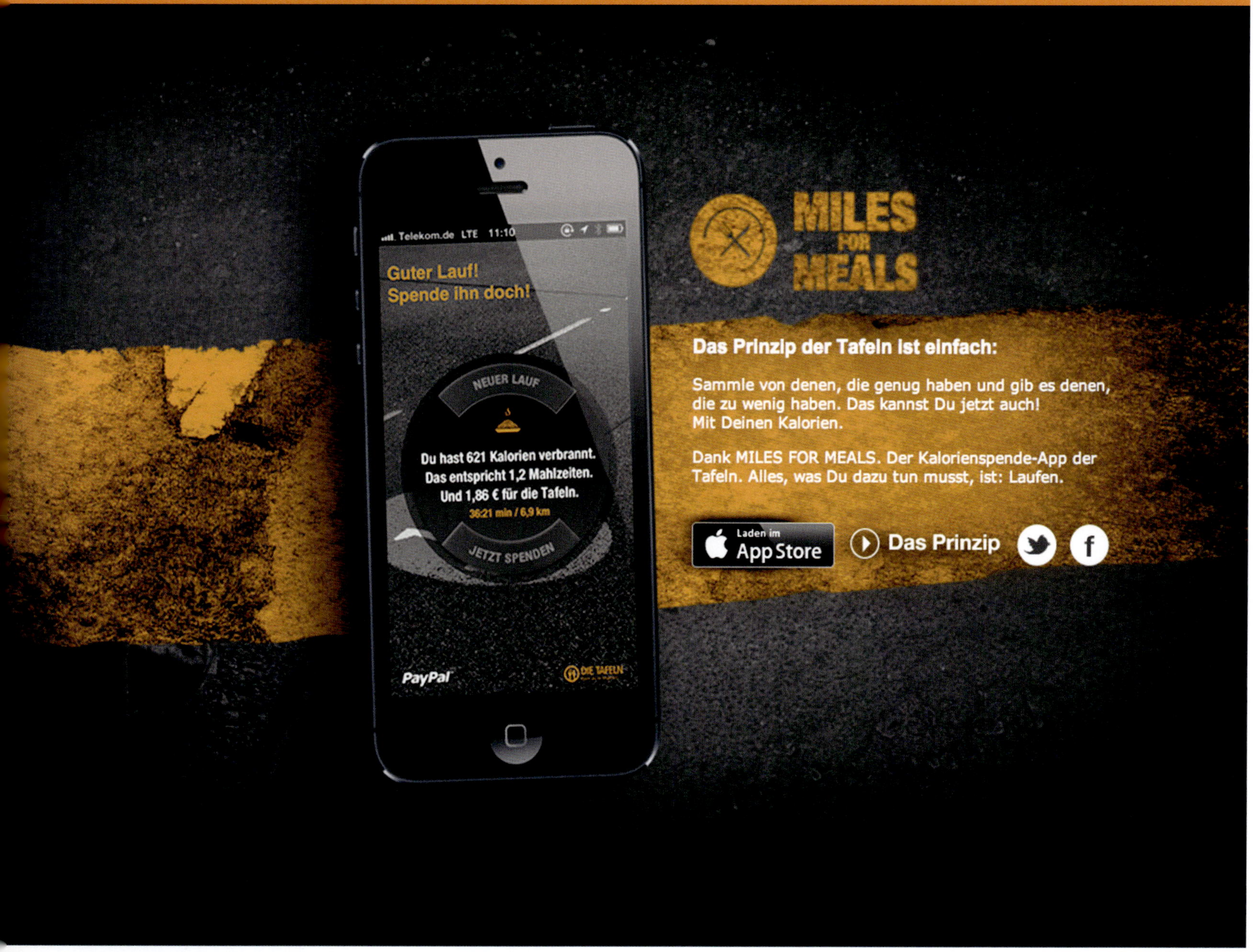

DIE KALORIEN-SPENDE-APP DER TAFELN: ALLES, WAS DU TUN MUSST, IST LAUFEN!

Eine App – zwei gute Taten: Du spendest ein Essen und verbrennst gleichzeitig Kalorien.

DIE IDEE

Das Prinzip ist einfach: Die App zählt die verbrauchten Kalorien der User beim Joggen und Laufen. Diese Kalorien können in Form von Lebensmitteln gespendet werden, die von den Tafeln an Bedürftige geliefert werden.

DAS BESONDERE

Eine nützliche App mit einem guten Zweck verknüpfen. Und der Klick zum Spenden ist für den User einfacher, als Überweisungsscheine auszufüllen.

ERGEBNIS

Steigerte digitale Spenden für die Tafeln um fast

300%

- MILES FOR MEALS ist die bisher am häufigsten runtergeladene Charity-App
- Großer Buzz in viralen und sozialen Netzwerken

Fakten:

Was?
App & Aktion

Wer?
Die Tafeln

Wo?
Deutschland

Wann?
2013

Code scannen für Spot auf YouTube

”

Suche nicht nach Fehlern, suche nach Lösungen.

Henry Ford

VIRTUELLER SCHMUCK

EIN CLOU: SCHMUCK DIREKT ÜBER EINE APP „ANPROBIEREN“ UND IM NÄCHSTEN SHOP KAUFEN

Der Schmuckdesigner Murat Paris hat eine App entwickelt, mit der alle Stücke direkt getestet und probiert werden können – ohne das Haus zu verlassen.

DIE IDEE

Sehen. Probieren. Kaufen. Mittels einer speziell entwickelten App können die Schmuckstücke von Murat Paris direkt an der eigenen Hand probiert, begutachtet und im nächstgelegenen Shop erworben werden. Interaktive Printanzeigen in Magazinen bewerben die App und die Marke.

DAS BESONDERE

Eine Aktion, die zum Mitmachen animiert und neugierig macht.
Das Prinzip ist einfach: die Marke erlebbar machen. Weil dieses Angebot zudem komplett neu war, fiel es außerdem besonders auf.

ERGEBNIS

- Großer Buzz in viralen und sozialen Netzwerken
- Anstieg der Abverkäufe über die Onlinestores

Fakten:

Was?
App

Wer?
Murat Paris

Wo?
Weltweit

Wann?
2011

Code scannen für Spot auf YouTube

ZEIT STATT ZEUG

ENDLICH MAL WIEDER GESCHENKE MACHEN, DIE WIRKLICH WERTVOLL SIND

Die Website „Zeit statt Zeug“ bietet Geschenkideen der anderen Art: zum Beispiel Waldluft statt Parfum.
Die Rückkehr zu wahren Werten steht im Vordergrund.

DIE IDEE

Bekommt die Freundin zu Weihnachten wieder mal ein Parfum oder Papa zum Geburtstag die zwanzigste Krawatte? In unserer Konsumgesellschaft wissen wir oft nicht mehr, wie schenken Freude macht. Das ändert sich jetzt mit „Zeit statt Zeug". Hier gibt es Geschenke der besonderen Art: Waldluft statt Parfum oder Zoobesuch statt Stofftier.

DAS BESONDERE

Die Anti-Konsumidee trifft einen wunden Punkt unserer Zeit. Sie spricht viele Menschen auf persönliche Art und Weise an, weil sie an wahre Werte erinnert. Diese Geschäftsidee funktioniert deshalb so gut, weil sie sich jenseits vom üblichen Konsum und somit auch jenseits vom Mittelmaß bewegt.

ERGEBNIS

Im ersten Jahr wurden rund **15.000** Zeitgeschenke verschickt

- Großer Buzz in sozialen Netzwerken

Fakten:

Was?
Website

Wer?
Zeit statt Zeug

Wo?
Deutschland

Wann?
2013

”

Gehen Sie raus und zünden Sie die Welt an.

Hermann Scherer

05

INTER-
VIEWS

INTERVIEW: FITNESS FIRST

Im Gespräch mit Stefan Tilk

Geschäftsführer Fitness First Germany GmbH

WAS EIN BAHNKARTENVERKÄUFER VON HEINRICH V. LERNEN KANN ...

... oder warum Fitness First seine Studios leer räumt

Jeannine Halene: Besonders die Fitnessbranche ist schnelllebig und konkurrenzintensiv. Man denke an den Markteintritt des „McFit-Modells", an den Aldi der Branche. Was, glauben Sie, ist der richtige Weg, um sich langfristig von solchen Modellen zu differenzieren?

Stefan Tilk: Jeder, der zu Fitness First kommt, hat ein anderes Ziel. Sei es, seinen Körper allgemein fitter zu machen, abzunehmen, Kraft aufzubauen oder auf ein sportliches Ziel hin zu trainieren. Wir unterstützen unsere Mitglieder individuell darin, ihre persönlichen Fitnessziele optimal und effektiv zu erreichen. Ein ganzheitliches Fitnesskonzept, innovative Trainingstechnologie und die Inspiration durch die Fitness-First-Mitarbeiter – das ist unsere Basis. Denn Menschen werden durch Menschen motiviert und nicht durch Maschinen bzw. Trainingsgeräte.
Service und Betreuung wirken sich unmittelbar auf Motivation und Trainingserfolge der Besucher von Fitnessstudios aus, wie die Zeitschrift *Stiftung Warentest* kürzlich feststellte: Damit die Motivation nicht verloren geht, ist „der Zuspruch durch aufmerksame Trainer besonders wichtig"*.

*Quelle: Stiftung Warentest 1/2014, „Zeit zum Hanteln", S. 79

WIR VERFOLGEN EIN GANZHEITLICHES FITNESSKONZEPT.

Über Fitness First Germany GmbH

• **Branche:**	Fitness- und Gesundheitsdienstleister
• **Jahresumsatz:**	£ 511,4 Mio. weltweit
• **Geschäftsführer:**	Stefan Tilk
• **Hauptsitz:**	Frankfurt
• **Gegründet:**	1993
• **Website:**	www.fitnessfirst.de
• **Größe:**	381 Klubs in 16 Ländern
• **Muttergesellschaft:**	Fitness First Group Ltd.

INTERVIEW: FITNESS FIRST

Das renommierte Testmagazin *Stiftung Warentest* gibt Fitness First bereits Bestnoten für Trainingsbedingungen und Trainingspläne. Ein großer Erfolg – doch der reicht uns nicht. Mit der größten Schulungsinitiative der Fitness-First-Geschichte setzen wir in diesem Jahr in puncto Service nicht nur für uns, sondern auch in der Branche die Maßstäbe höher. Derzeit bilden wir die nächste Generation von Fitnessprofis aus: Ob Manager, Trainer oder Empfangspersonal – sie alle werden dahin geschult, unsere Mitglieder auf dem Weg zu maximalen Trainingserfolgen optimal zu begleiten und zu unterstützen.

Ich persönlich glaube, dass „Service" das Zauberwort zur Differenzierung ist. Wir alle kennen doch diese Tragic/Magic-Moments: Wenn wir als Kunden eine Dienstleistung in Anspruch nehmen, wollen wir wie „Könige" behandelt werden. Ein nettes „Hallo", ein Lächeln oder die schlichte Aufmerksamkeit unserer Mitarbeiter wirkt Wunder und sorgt für Kundenbindung.

UNSERE BILDER UND BOTSCHAFTEN SOLLEN GLAUBWÜRDIGKEIT TRANSPORTIEREN UND AUTHENTISCHE STORYS ERZÄHLEN.

Jeannine Halene: Wir leben in einer „Attention Economy". Aufmerksamkeit ist die wichtigste Währung des 21. Jahrhunderts. Wie stellen Sie sicher, dass Ihre Marke auch ausreichend wahrgenommen wird?

Stefan Tilk: Indem wir selbst Trends setzen. Geschehen ist dies zum Beispiel mit unseren Freestyle-Flächen. Die Idee war, den Mitgliedern ein mehrdimensionales Trainingskonzept anzubieten, welches von Alltagsbewegungen inspiriert ist (Treppen steigen, Garten umgraben usw.).
Wir entwickelten ein hocheffizientes Ganzkörpertraining, das auch allein mit dem eigenen Körpergewicht funktioniert und so auch ohne Geräte ausführbar ist. Der Vorteil hierbei: Unsere Kunden können dies auch zu Hause wiederholen. Zu diesem Zweck schafften wir Raum.

Das hieß aber erst mal raus mit einer ganzen Reihe von Trainingsgeräten. Während andere Studios neue Geräte einkauften, schafften wir Platz für freie Flächen zum Freestyle-Training. Das war damals sehr gewagt und total gegen den Mainstream. Heute wird dieses Konzept von vielen anderen Fitnessklubs kopiert. Mit dieser Aktion waren wir natürlich der Ausreißer in der Branche. Dies bescherte uns wiederum die ungeteilte Aufmerksamkeit. Grundsätzlich steht bei uns der Mensch im Mittelpunkt. Wir wollen ein Partner für die Trainierenden sein und sie zu unseren „Fans" machen.

Wir verfolgen keine schnelllebigen Fitness-Richtungen, sondern investieren in Kooperationen, die unsere Mitglieder in ihrem Training unterstützen. Training ist mehr als nur ein Work-out. Es ist Fitness, die zu unseren Mitgliedern und ihrem Leben passt. Unsere Bilder und Botschaften sollen Glaubwürdigkeit transportieren und authentische Storys vermitteln.

Über Stefan Tilk

- **Geschäftsführer seit:** Anfang 2009
- **Berufliche Stationen:**
  - War bereits bei namhaften Unternehmen in Führungspositionen tätig, zumeist in Zeiten erforderlicher Restrukturierungen
  - Sprecher der Geschäftsführung bei DB Dialog: Inhouse-Dienstleister der Deutschen Bahn im Bereich Kundenbindung, verantwortlich für den Turnaround im Bereich Customer Contact Center
  - Mitglied der Geschäftsleitung der Bertelsmann-Tochter arvato direct services, eines der weltweit größten Direktmarketing-Unternehmen
  - Für Aufsehen sorgte er in Manager- und Fachkreisen mit seinem Buch *Courage. Mehr Mut im Management.* Darin fordert der Manager seine Kollegen auf: „Schluss mit Jammern und weichen Knien!"

INTERVIEW: FITNESS FIRST

Es ist manchmal an der Zeit, abzuschalten von äußeren Einflüssen, die uns im Alltag an die Grenzen unserer Kräfte katapultieren, damit man sich selbst um die eigenen Fitness- und/oder Gesundheitsziele kümmern kann.

Jeannine Halene: Woher kommen die besten Ideen in Ihrem Unternehmen?

Stefan Tilk: Aus der Zusammenarbeit mit dem Feld und der Zentrale, unserem Servicecenter. Wir bewegen uns natürlich als vom Konsumenten her denkender Marketingtreiber der Weiterentwicklung. Impulse kommen teilweise auch direkt aus den Klubs. Unsere Marketingabteilung entwickelt diese Impulse dann weiter und arbeitet die Ideen aus. Außerdem glaube ich fest an die sogenannten „Paradiesvögel". Nicht nur weil ich selbst einer bin, sondern weil ich davon überzeugt bin, dass branchenfremde Mitarbeiter neue und entscheidende Impulse im Unternehmen setzen können. Was bei vielen anderen Unternehmen noch als eher schwierig gilt, begrüßen wir.

Jeannine Halene: Wie tief sind Sie als Geschäftsführer in die Marketingaktivitäten involviert, bzw. ist Marketing bei Ihnen Chefsache?

Stefan Tilk: Ich arbeite eng mit meinem Managementteam zusammen und diene vor allem als Sparringspartner. Teil des Teams ist auch unser Chief Marketing Officer Andreas Barth. Er hat bei seinen bisherigen Stationen unermüdlich die zentrale Ausrichtung der Marketing- und Salesaktivitäten auf den Kunden zur obersten Maxime gemacht und die ihm übertragenen Geschäftsfelder auf nachhaltigen Wachstumskurs gebracht.

Jeannine Halene: Herr Tilk, Sie sind bekannt als „Turnaround-Manager" und haben auch ein Buch geschrieben, in dem es darum geht, als Führungskraft „Courage" zu zeigen, also auch mal unkonventionelle Entscheidungen zu treffen.

Können Sie unseren Lesern einige Beispiele nennen, bei denen eine Ihrer normabweichenden Entscheidungen später zum Erfolg geführt hat?

Stefan Tilk: Ich möchte Ihnen ein Beispiel aus meiner Zeit bei der Deutschen Bahn AG nennen. Ich trat meinen Job dort – der per se ja schon eine Herausforderung war – mit jungen 30 Jahren und gerade mal ein paar Jahren Berufserfahrung an. Meine Aufgabe war es, dort einen Turnaround hinzubekommen und 1.000 Vertriebsmitarbeiter in Norddeutschland aus ihrer routinegeprägten Einstellung aufzurütteln. Keine leichte Aufgabe. Ich lud alle Mitarbeiter an aufeinanderfolgenden Abenden in Gruppen von 200 Personen ein.
Erwartet hatten sie wohl das hundertste Vertriebstraining mit endlos langweiligen PowerPoints und Flipcharts. Auch meine Vorgesetzten erwarteten offensichtlich etwas Ähnliches. Umso überraschter waren die Mitarbeiter, als sie mich ganz alleine auf einer dunklen Bühne ohne Schnick und Schnack vorfanden. Was ich damals tat, ist vielen heute noch eine Motivation. Ich erzählte die Geschichte von Heinrich V. und der Schlacht von Azincourt. Allerdings in meinen eigenen, ganz einfachen Worten.

Schlacht von Azincourt

Die **Schlacht von Azincourt** fand am 25. Oktober 1415 bei Arras im nordfranzösischen Département Pas-de-Calais statt. Die Truppen von König Heinrich V. von England kämpften gegen das Heer von König Karl VI. von Frankreich. Es war einer der größten militärischen Siege der Engländer über die Franzosen während des Hundertjährigen Kriegs.

Das Besondere: Moderne Historiker unterstellten ein Kräfteverhältnis von 4:1 zugunsten der französischen Seite. Dieser Sieg entbehrte also jeglicher Logik und ging in die Geschichtsbücher ein.

Die Schlacht von Azincourt gilt als eine der bedeutendsten Schlachten der Militärgeschichte.

Quelle: Wikipedia

Ich versuchte, ihnen über diese Geschichte klarzumachen, dass auch wir uns möglicherweise in einer subjektiv aussichtslosen Situation befinden, es aber genau wie bei Heinrich V. einen Ausweg geben kann, wenn man nur will. Natürlich haben wir nicht am nächsten Tag doppelt so viele Fahrkarten verkauft – das war aber auch nicht das Ziel. Meine Absicht war es lediglich, die Vertriebsmitarbeiter der Bahn AG aufzurütteln, sie wach zu machen und am Herzen zu packen. Das ist gelungen! Noch heute sprechen mich ehemalige Kollegen auf diese unkonventionelle Aktion an. Ein anderes Beispiel ist eines von Fitness First. Eine meiner von anderen als grenzwertig betrachteten Entscheidungen war es, unseren neuen CMO einzustellen. So weit erst mal nichts Ungewöhnliches. Der Haken: Er war zuvor Marketingchef bei einer der größten Fast-Food-Ketten und damit nicht gerade fitnessorientiert. Zugegeben, er hat etwas gebraucht, um in das Thema Fitness hineinzufinden, aber es war eine meiner besten Entscheidungen! Der Mann wusste einfach besser als jeder andere, wie man Marken kreiert. Und das war mir wichtig, nichts anderes.

Jeannine Halene: Harte Entscheidungen treffen, damit macht man sich nicht immer nur Freunde. Was raten Sie diesbezüglich Menschen, die den Anspruch haben, außergewöhnliche Erfolge einzufahren?

Stefan Tilk: Nicht müde werden und rechtzeitig anfangen. Es ist ja leider so, dass das Elend in einem Unternehmen erst groß genug sein muss, damit etwas passiert. Wer Außergewöhnliches schaffen will, muss außergewöhnlich viel Kondition mitbringen und die „Gefahren" frühzeitig erkennen – wie beim Sport.

Jeannine Halene: Gibt es eine Kampagne, die hier in Deutschland mit einer ungewöhnlichen Idee für großes Aufsehen sorgte?

Stefan Tilk: Auf jeden Fall! Die OOH-Kampagne: das erste Plakat, mit dem man „abnehmen" kann.

Code scannen für Spot auf YouTube

Fitness First kreierte hier ein ganz besonderes Plakat: Es konnte nicht nur werben – sondern auch sprechen.

Jeannine Halene: Das Thema Neue Medien revolutioniert auch die Fitnessbranche. Erst gestern habe ich eine Werbung für Onlinekurse gesehen, mit denen ich mir den Trainer quasi nach Hause holen kann (Stichwort: Cocooning-Trend). Wie reagiert Fitness First auf diese Herausforderungen, und wie sieht Fitness im Jahr 2030 aus?

Stefan Tilk: Die Fitnesstrends gehen immer weiter weg vom klassischen Image der „Muckibude", das ist richtig. Die Digitalisierung und Themen

WE ARE FITNESS
LEADERS WHO
INSPIRE PEOPLE
TO GO FURTHER
IN LIFE.

INTERVIEW: FITNESS FIRST

wie „Entschleunigung" werden immer wichtiger. Fitness First setzt mit der aktuellen Schulungsinitiative „Raising the Bar" bereits erste Maßstäbe in puncto Service und Betreuung. Wichtig für Menschen, um am Ball zu bleiben, ist die Motivation. Daher wird dem betreuten Training in Kombination mit digitalen Angeboten eine große Bedeutung zukommen. Wir sehen diesen Herausforderungen positiv und optimistisch entgegen. Auch an digitalen Lösungen, welche die On- und Offlinewelt zusammenführen, arbeiten wir gerade mit Hochdruck. Weiterhin denke ich, dass es wohl in der Zukunft ein flexibleres Fitnessmodell geben wird. Eine Art Kombination aus der Möglichkeit des Sports im Klub und zu Hause. Den ersten Schritt in diese Richtung haben wir bereits mit unserem Freestyle-Konzept gemacht.

Jeannine Halene: Zurück zum Thema „außergewöhnliche Herangehensweisen". Es gibt sicher auch in Ihrem Unternehmen Menschen, die nicht unbedingt offen dafür sind, unkonventionelle und neue Wege zu gehen. Wie überzeugen/motivieren Sie diese Mitarbeiter?

WICHTIG FÜR MENSCHEN, UM AM BALL ZU BLEIBEN, IST DIE MOTIVATION.

Stefan Tilk: Man darf nicht andere Ergebnisse erwarten, wenn man immer das Gleiche macht. Das lebe ich nicht nur vor, sondern ich sorge auch dafür, dass es meine Mitarbeiter tun. Das überzeugt und motiviert zu mehr Mut.

Jeannine Halene: Wie wichtig bzw. ausschlaggebend ist Ihrer Meinung nach das Thema Marketing für den gesamten Unternehmenserfolg auf einer Skala von 1 bis 10? (1 ist weniger wichtig, 10 ist sehr wichtig.)

Stefan Tilk: 11! Aber immer in Verbindung mit einem hohen Anspruch an Produkt- und Servicequalität! Never overpromise and underdeliver! Sonst wird Marketing ganz schnell zum Bumerang.

Ein Beispiel hierfür ist die Auszeichnung durch Stiftung Warentest: Wir haben sehr erfolgreich abgeschnitten und haben diese Auszeichnung in unsere werbliche Kommunikation aufgenommen. Und da hören wir natürlich nicht auf – um noch besser zu werden und nicht stehen zu bleiben, schulen wir in der größten Schulungsoffensive bei Fitness First alle unsere Mitarbeiter.

Jeannine Halene: Sie kommen eigentlich gar nicht aus der Fitnessbranche. Zuvor waren Sie beispielsweise bei TUI, der Deutschen Bahn AG und bei Bertelsmann tätig. War das für Ihre Aufgabe bei Fitness First eher ein Vor- oder ein Nachteil?

Stefan Tilk: Bei meinen vorherigen Arbeitgebern standen verschiedene Turnaround- und Restrukturierungsprozesse im Mittelpunkt. Auch bei Fitness First waren diese Themen nach 2009 im Fokus. Von daher konnte ich meine Erfahrungen gewinnbringend einsetzen. Der Vorteil liegt im neutralen Blickwinkel.

Jeannine Halene: Trainieren Sie selbst in Ihren Studios?

Stefan Tilk: Der Geschäftsführerjob, ob bei TUI, Bertelsmann oder Fitness First, unterliegt immer den gleichen Herausforderungen: Jeder kämpft mit knapper Zeit. Ich versuche, fest einmal die Woche Sport zu machen, mit einem Personal Trainer. Mein biologisches Alter ist dadurch mehr als zehn Jahre jünger. Zusätzlich versuche ich aber auch, meinen Alltag fit zu gestalten. Ich nehme zum Beispiel immer die Treppe und meide Aufzüge, wo es geht.

Jeannine Halene: Okay, dann nehmen wir jetzt auch die Treppen!
Herzlichen Dank für das Gespräch.

”

Unsere Kunden sind die beste Werbung.

Rainer Megerle

INTERVIEW: HERMES/OTTO

Im Gespräch mit Hanjo Schneider

Mitglied des Vorstandes Otto Group und CEO Hermes Europe

DECIDING IS NOT DOING

Ein Interview über tatkräftiges Marketing, Wettbewerbsvorteile und mutige Strategien

Jeannine Halene: Herr Schneider, Sie sind Vorstandsmitglied der Otto Group für den Bereich Service und CEO der Hermes Europe GmbH. Wir sagen immer: „Die Extrameile von heute ist der Standard von morgen." Wie sehen Sie das, und wie gelingt es großen Unternehmen, den ständig wachsenden Ansprüchen ihrer Kunden auch in Zukunft gerecht zu werden?

Hanjo Schneider: Indem sie vorausschauend agieren und versuchen zu antizipieren, was sich die Kunden wünschen. Dafür müssen gesellschaftliche Trends intensiv beobachtet und analysiert werden. Das Ohr am Kunden zu haben, ist ausschlaggebend für den geschäftlichen Erfolg. Das bedeutet auch, Kundenreaktionen ernst zu nehmen, Feedback-Kanäle auszulesen und heutzutage insbesondere im Bereich Social Media Plattformen zu schaffen, auf denen Kunden mit dem Unternehmen interagieren können. Nutzt man den daraus resultierenden Informationsvorsprung, um Services oder Produkte konsequent weiterzuentwickeln, können sich Unternehmen zu angesehenen Trendsettern und innovativen Marken entwickeln. Die Kunst aber besteht darin, diesen Status zu halten und dafür aus gemachten Fehlern auch schnell zu lernen.

DAS OHR AM KUNDEN ZU HABEN, IST AUSSCHLAGGEBEND FÜR DEN GESCHÄFTLICHEN ERFOLG.

Über Hermes

- **Branche:** Handel & Logistik
- **Mitarbeiter:** Über 11.000
- **Geschäftsführer:** Hanjo Schneider
- **Hauptsitz:** Hamburg
- **Gegründet:** 1972 von Werner Otto
- **Website:** www.hermesworld.com

Hermes ist eine 100-prozentige Tochtergesellschaft der Otto Group im Segment Service

INTERVIEW: HERMES/OTTO

Jeannine Halene: Hermes ist in Deutschland nach wie vor in erster Linie durch den Paketdienst bekannt. Bietet das, sagen wir mal, mäßig attraktive Produkt „Paket" bzw. der Markt denn überhaupt Möglichkeiten, sich durch Innovationen abzuheben?

Hanjo Schneider: Selbstverständlich! Bereits die Gründung von Hermes 1972 war eine vorausschauende und überaus innovative Leistung. Der hochgeschätzte Unternehmer Werner Otto wollte den Otto-Versandkunden schlichtweg einen besseren Lieferservice anbieten, als dies über die damalige Deutsche Bundespost möglich war. Aus dieser Idee entwickelte sich mit Hermes schnell eine logistische Alternative zum staatlichen Monopolisten, die von immer mehr Unternehmen gerne in Anspruch genommen wurde.

DAS VERSTÄNDNIS FÜR DIE BEDÜRFNISSE DES HANDELS IST BEI UNS SOZUSAGEN EINE GENETISCHE KONSTANTE.

Einer der Gründe dafür war, dass Hermes die Rolle des Innovators glaubhaft übernahm und Lösungen für sich entwickelnde Herausforderungen präsentierte. Wir haben die ersten Paketannahmestellen im deutschen Einzelhandel etabliert. Heute verfügen wir allein in Deutschland über 14.000 Paketshops.

Die kostenfreie Bereitstellung von Track-and-Trace-Systemen, die den Kunden jederzeit über den Status seiner Sendung informieren, ist auf Hermes zurückzuführen. Und unsere insgesamt bis zu vier Zustellversuche sind ein von anderen bis dato nicht erreichter Standard in der Branche. In naher Zukunft werden wir Zeitfensterzustellungen anbieten und den Kunden an jedem gewünschten Ort – ob zu Hause, am Arbeitsplatz oder in der Ferienwohnung – beliefern. Kurzum: Die Geschichte von Hermes ist eine Erfolgsstory, die sich aus der Bereitstellung kundenfreundlicher Innovationen ableitet. Ich bin außerdem nicht der Meinung, dass ein Paket ein unattraktives Produkt ist. Das Gegenteil ist der Fall, schließlich bringen wir doch fast ausschließlich Dinge, auf die man sich freut!

Jeannine Halene: Was grenzt Sie darüber hinaus von Mitbewerbern wie DHL, DPD, UPS oder GLS ab?

Hanjo Schneider: Unsere Historie. Hermes ist ein Unternehmen der Otto Group, die weltweit der zweitgrößte Onlinehändler und in Europa der größte B2C-Onlinehändler für Fashion und Lifestyle ist. Das Verständnis für die Bedürfnisse des Handels ist bei uns sozusagen eine genetische Konstante. Der Empfänger eines Pakets ist eben vor allen Dingen ein Kunde – und der ist bekanntlich König. Entsprechend sind wir bei Hermes Experten für die Lieferung an den Privatkunden (2C).

Über Hanjo Schneider

- **Geschäftsführer seit:** 1998
- **Mitglied des Otto-Vorstandes seit:** 2009
- **Ausbildung:**
  Executive MBA (Master of Business Administration) an der California State University, Hayward, USA
- **Berufliche Stationen:**
  - Dun & Bradstreet in unterschiedlichen Managementpositionen in Europa
  - Verantwortete u.a. den erfolgreichen Turnaround der D&B-Organisation
  - 1997 Geschäftsführer bei Danzas und Leiter der Danzas Euronet GmbH
  - 2001 zusätzliche Funktion des Sprechers der Geschäftsführung der Danzas Deutschland Holding
  - 2002 Vorsitz der Geschäftsführung in der Hermes Logistik Gruppe
  - 2009 Berufung in den Vorstand der Otto Group
  - Weiterhin für den Aufbau des europäischen Leistungsverbundes der Hermes Europe GmbH als CEO verantwortlich

INTERVIEW: HERMES/OTTO

Das ist unser Metier, hier erreichen wir Erfolgsquoten von über 90 Prozent – und das schon beim ersten Zustellversuch. Das schafft keiner der anderen Paketdienste. Zwar wollen alle Wettbewerber am anhaltenden E-Commerce-Boom partizipieren und drängen auf den B2C-Paketmarkt. Aber die Zustellung an private Empfänger erfordert eine andere Expertise als diejenige, die nötig ist, um Geschäftskunden im B2B-Segment zu bedienen. Das ist unser Vorteil. Und deswegen sind wir heute der größte Paketdienstleister bei der Zustellung an den privaten Endkunden und verfügen seit Juli 2014 über das erste spezialisierte B2C-Netzwerk in 35 europäischen Ländern.

Jeannine Halene: Wir sprachen bisher nur über Pakete. Dabei erbringen Hermes-Gesellschaften heute weltweit alle vom Handel nachgefragten Services – seien es Transportleistungen, Qualitätsprüfungen oder Webshops. Was hat den Ausschlag gegeben, das angestammte Kerngeschäft zwar einerseits zu erweitern, andererseits aber auch das Risiko zu erhöhen?

Hanjo Schneider: Richtig ist, dass unter der Marke Hermes mittlerweile zwölf spezialisierte Gesellschaften entlang der Wertschöpfungskette des Handels tätig sind. Das fängt bei der Warenbeschaffung an, geht weiter über die Produktprüfung sowie die Transportlogistik, beinhaltet die Entwicklung und den Betrieb von Onlineshops und das komplette Fulfillment bis hin zu der Distribution verschiedenster Sendungen an den Endkunden. Hermes ist weltweit der einzige Dienstleister, der einen derartigen Full Service anbietet. Alle diese Leistungen wurden dabei schon viele Jahre an verschiedenen Stellen in der Otto-Group erbracht. Die heutige Hermes OTTO International hat beispielsweise 40 Jahre Erfahrung im weltweiten Beschaffen von Produkten! Durch die Bündelung all dieser genannten Fähigkeiten unter einem Markendach positionieren wir uns folgerichtig als idealer Partner für Händler, die beispielsweise in Asien Waren sourcen, um sie in Europa zu verkaufen. Denn unser Auftraggeber kann sich auf die für seinen Geschäftserfolg wesentlichen Themen – Sortimentsgestaltung, Marketing, CRM – kümmern, wir erledigen den Rest. Insofern haben wir den

Servicegedanken, der ja das Paketgeschäft maßgeblich bestimmt, einfach auf andere Teile der Supply-Chain übertragen und bieten hier spezifische Mehrwertdienste an.

Jeannine Halene: Den altbekannten Claim „OTTO – find ich gut" gibt es immer noch. Dies zeigt, dass man manch alten Dingen treu geblieben, aber dennoch in anderen Bereichen neue Wege gegangen ist. Wann ist es Zeit, sich an Neues zu trauen, und wann sollte man Altes nicht ändern?

Hanjo Schneider: Ich finde den Claim immer noch sehr eingängig. Und wenn etwas gut ist, bedarf es nicht zwingend einer Veränderung. Eine generelle Regel oder Antwort auf Ihre Frage gibt es aber trotzdem wohl eher nicht. Nur so viel: Die OTTO Group ist ein Familienunternehmen. Und das bedeutet, dass hier langfristig und vorausschauend geplant, nicht jeder Hype mitgemacht und auch nicht in jedem Quartal ein neuer Superlativ benötigt wird, um Anleger bei Laune zu halten. Ich bin davon überzeugt, dass viele Menschen mit dem Namen OTTO ohne Weiteres Werte wie Nachhaltigkeit, Verantwortung und Verlässlichkeit verbinden. Und das ist zweifelsohne im

OB ETWAS PRAXISTAUGLICH IST, WEISS MAN, WENN ES AUSPROBIERT WURDE.

positiven Sinne bemerkenswert und zeigt, dass wir die Gratwanderung – hier die ständig vorangetriebene Innovation, da das Festhalten am Bewährten – offensichtlich gut hinbekommen. Ein schönes Beispiel dafür ist das Umweltengagement aller Konzerngesellschaften. Seit den 1980er-Jahren ist dies eine Konstante der Unternehmensziele, die zum Beispiel bei Hermes trotz stetig steigender Paketmengen zu einer beachtlichen Reduktion der CO_2-Emissionen pro Paket geführt hat. Wahrscheinlich hat man den Fokus auf ökologische Belange, den Dr. Michael Otto in das Unternehmen eingebracht hat, zu Beginn vielerorts noch belächelt. Heute dagegen wird dieses frühe Engagement als vorbildlich gelobt und hat in den vergangenen Jahren richtigerweise viele Nachahmer gefunden. Ein schönes Beispiel dafür, wie

Innovationen stilbildend, zu Unterscheidungsmerkmalen und Unternehmenswerten werden können.

Jeannine Halene: Wie stehen Sie zu Facebook und Co.? Und was glauben Sie persönlich: Welchen Einfluss haben diese Medien auf das Image von Unternehmen und die heutige Markenentwicklung?

Hanjo Schneider: Social Media kann und wird auch zukünftig eine unheimliche Wucht entfalten. Erfreulich ist dies aus Unternehmenssicht, wenn sich aufgrund von „Weiterempfehlungen“ Produkte binnen kürzester Zeit zu Kassenschlagern entwickeln. Aber im Laufe weniger Stunden entstehen auch Shitstorms, die auf das Firmenimage massive Auswirkungen haben können. Und hier stehen Ursache und Wirkung nicht immer im richtigen Verhältnis. Denn ein individuell als Missstand empfundener Sachverhalt wird aus dem Nichts heraus durch das hundert- oder tausendfache „Teilen“ überproportional potenziert. Aber: Für ein Fazit in Bezug auf die sozialen Netzwerke ist es noch viel zu früh, denn wir befinden uns gerade erst am Anfang einer Entwicklung, die die Kommunikation in den kommenden Jahren maßgeblich prägen wird. Und klar ist doch, dass man Dialogmöglichkeiten anbieten und als Unternehmen Präsenz zeigen muss, auch wenn es mal unangenehm wird. Aber anders geht es nicht.

Jeannine Halene: In unserem Buch sind viele Kampagnen aufgeführt, die recht ungewöhnlich sind. Was halten Sie persönlich davon, „andere Wege zu gehen“, und wie praxistauglich ist dies am Ende tatsächlich?

Hanjo Schneider: Ob ein Plan – der Zufall ersetzt den Irrtum – zu hundert Prozent aufgehen wird, weiß man doch nie. Da kann man noch so viel Marktforschung betrieben haben, die absolute, garantierte Sicherheit beispielsweise für den Erfolg eines Produktes gibt es nicht. Insofern gehört „Trial & Error“ zum privaten wie auch zum geschäftlichen Leben dazu. Ob etwas praxistauglich ist, weiß man, wenn es ausprobiert wurde. Wie mit „neuen Wegen “ umgegangen wird, ist also ein wesentlicher Aspekt der Unternehmenskultur. Darf man etwas ausprobieren und vielleicht sogar Fehler machen? Dafür braucht es Toleranz, Mut und die Bereitschaft,

40,8 %

einen sich als falsch erweisenden Weg auch wieder zu verlassen. Denn: „If you fail, fail fast!"

Jeannine Halene: Bei der Hermes Europe GmbH sind Sie verantwortlich für den europäischen Ausbau. Wie sieht es in anderen Ländern aus, ist dort der Trend „Homing", den wir nun hier in Deutschland mehr und mehr erleben und der auch das Onlinegeschäft vermehrt ankurbelt, auch bereits so stark ausgeprägt?

Hanjo Schneider: Ob das „Homing" für den E-Commerce-Boom verantwortlich ist, weiß ich nicht. Schließlich bietet der Einkauf im Internet auch sehr handfeste Vorteile, wie den einfachen Vergleich von Preisen. Das Einkaufsverhalten hat sich schlichtweg geändert und damit auch die Vertriebswege der Unternehmen. In Irland erwirtschaften die Unternehmen bereits knapp ein Drittel ihres Umsatzes über den elektronischen Geschäftsverkehr, in Deutschland macht der Anteil des E-Commerce-Umsatzes dagegen nur 14 Prozent am Gesamtumsatz aus. Schaut man sich das private Einkaufsverhalten in Europa an, sind die Briten vor den Dänen, Schweden und Deutschen die eifrigsten Onlineshopper. Doch auch hier gibt es noch Luft nach oben.

Jeannine Halene: Profitiert Hermes denn von dieser offensichtlich grenzüberschreitenden Entwicklung?

Hanjo Schneider: Ja. Und das mehrfach. Erstens haben wir uns frühzeitig entschieden, in den europäischen Ländern mit den größten E-Commerce-Umsätzen eigene Netzwerke für die Paketdistribution aufzubauen. Entsprechend sind wir heute in Deutschland, England, Österreich, Frankreich, Italien und Russland als Hermes sehr gut aufgestellt und partizipieren an den durch das wachsende Onlinegeschäft boomenden Paketströmen. Die weiteren europäischen Länder decken wir über enge Kooperationen mit nationalen Partnern vor Ort ab, die auf die Belieferung privater Endkunden spezialisiert sind. Zudem profitieren wir von den steigenden „Crossborder"-Sendungsmengen. Immer mehr Kunden kaufen bei internationalen Distanzhändlern ein, sodass Waren aus Frankreich beispielsweise zu Bestellern nach Deutschland oder England transportiert werden müssen. Und das machen wir selbstverständlich auch.

Jeannine Halene: Da ich ja ein bisschen Benzin im Blut habe, interessiert mich auch das Thema Verkehr und Logistik. Die Städte sind überfüllt mit Autos und die Paketzusteller stehen mittendrin im Verkehrschaos und ganz oft auch vor meiner Garage im Halteverbot. Muss man hier in Zukunft auch andere Wege gehen?

Hanjo Schneider: Zunächst mal ist festzuhalten, dass die Logistik nie zum Selbstzweck unterwegs ist, sondern immer im Auftrag. Da wünsche ich mir mehr Verständnis für unsere Branche, gerade auch bei den Verbrauchern. Das Thema City-Logistik wird aber in der Tat zunehmend eine Herausforderung, die Politik und Wirtschaft gemeinsam angehen sollten.

Ich bin zum Beispiel dafür, dass Zusteller in großen Städten die Busspur nutzen dürfen, wenn sie mit Elektrofahrzeugen oder alternativen Antrieben unterwegs sind. Auch ist zu prüfen, ob man nicht Praxistests mit neutralen

IF YOU FAIL, FAIL FAST!

Elektrofahrzeugen in ausgewählten Regionen organisiert, die dann für Hermes, die Post, GLS und DPD gemeinsam zustellen. Aus Verantwortung für die Umwelt muss die Branche auf jeden Fall offen sein, solche Themen zu diskutieren. Selbst wenn die einzelnen Marken dabei ein Stück weit in den Hintergrund treten. Gleiches gilt übrigens für diskriminierungsfreie und für Endverbraucher gut zugängliche Paketstationen in Ballungszentren.

Jeannine Halene: Wie wichtig bzw. ausschlaggebend ist Ihrer Meinung nach das Thema Marketing für den gesamten Unternehmenserfolg auf einer Skala von 1 bis 10? (1 ist weniger wichtig, 10 ist sehr wichtig.)

Hanjo Schneider: Ich halte Marketing für sehr wichtig, insbesondere im Hinblick auf die umworbenen privaten Konsumenten. Allerdings muss die gebotene Leistung auch verlässlich erbracht werden und qualitativ so hochwertig sein, dass man sie glaubwürdig bewerben kann. Zudem ist es wichtig, einen hohen Wiedererkennungswert auch über zeitliche Konstanz zu schaffen. Wir haben daher viele Jahre mit dem zweifachen Formel-1-Weltmeister Mika Häkkinen als Testimonial zusammengearbeitet, der heute ein echter Freund des Hauses ist. Zudem ist die Effizienz der gewählten Plattform für Werbung, deren Präsenz und den Imagetransfer etc. wichtig. Seit 2013 ist Hermes Premiumpartner der Bundesliga. Millionen Fußballfans sehen unsere Marke jedes Wochenende auf den Trikots ihrer Lieblingsmannschaft. Die Reichweite ist enorm, zudem wird die Fußballbundesliga durch die DFL perfekt vermarktet, sodass wir in über 200 Ländern der Welt regelmäßig im TV zu sehen sind. Insgesamt gesehen eine tolle Kooperation zu fairen Konditionen mit einem herausragenden Mehrwert. Entsprechend gebe ich eine 8.

Jeannine Halene: Sie haben eine beeindruckende Laufbahn hinter sich. Was würden Sie rückblickend sagen: Welche Entscheidungen haben Sie am weitesten vorangebracht, die konventionellen oder die ungewöhnlichen?

Hanjo Schneider: Karriere kann man nicht planen – die wird auch mit einem gemacht! Das eine bedingt oft das andere, der Mix macht es. Voraussetzungen dafür sind, dass man berechenbar, authentisch und ehrlich ist. Wer das nur spielt, fällt irgendwann aus der Rolle. Nie vergessen werden sollte auch, wo man herkommt. Freude an der Übernahme von Verantwortung ist ebenfalls von Vorteil. Aber es braucht auch Abstand. Im Urlaub liest man bestenfalls keine Mails, sondern vertraut seinen Mitarbeitern. Vor Menschen, die permanent Herausforderungen suchen, ist übrigens Vorsicht geboten. Die sind meist schon wieder weg, bevor ihr Wirken im Unternehmen sichtbar wird. Gefährlich sind auch Manager, die sich nur über die Zeit ihrer Anwesen-

heit profilieren. Viel wichtiger als die Unterscheidung in „konventionell“ oder „ungewöhnlich“ ist es daher, dass zum richtigen Zeitpunkt überhaupt Entscheidungen getroffen werden. Und dazu gehören Überzeugung, Durchsetzungskraft, manchmal auch Mut.

Jeannine Halene: Was ist Ihr persönliches Erfolgsrezept?

Hanjo Schneider: Man geht ja zum Glück nicht mit nur einem Rezept durchs Leben. Das wäre auch langweilig. Menschen machen Erfahrungen, entwickeln sich und lernen dazu. Und die Offenheit, permanent neue Dinge aufnehmen zu wollen, ist eine wichtige Voraussetzung für längerfristigen Erfolg.

Zudem braucht man Kollegen und Mitarbeiter, die einem die Wahrheit sagen und nicht das, was man in dem Augenblick vielleicht gerne hören will. Vorteilhaft ist es also, sich jederzeit anderen Meinungen, Einflüssen und Ideen öffnen zu können sowie mit beiden Füßen auf dem Boden zu bleiben. Das ist übrigens gar nicht so einfach, wie es sich anhört. Schließlich ist dieser Vorsatz ein Stück weit wider die menschliche Natur. Aber gleichwohl ist er hilfreich und entsprechend zu einer meiner Maximen geworden.

Viele kleine Dinge wurden durch die richtige Art von Werbung groß gemacht.

Mark Twain

INTERVIEW: NEU.DE

Im Gespräch mit Joachim Rabe

Geschäftsführer von NEU.DE

neu.de

MARKETING IST BEI NEU.DE „GROSSES KINO“

Wie man mit Kooperationen cleveres Marketing betreibt

Jeannine Halene: Wofür steht das Unternehmen NEU.DE? Und wie heben Sie sich marketingtechnisch von Ihren Mitstreitern eDarling, ElitePartner und Co. ab?

Joachim Rabe: Wir haben im Vergleich zu unseren Mitbewerbern den Vorteil, dass wir schneller und frecher im Marketing sein können, weil einfach eine große Entscheidungsfreiheit besteht.

Das Ziel unserer Marketingmaßnahmen ist nicht primär, eine vorher definierte Anzahl von Neuanmeldungen zu generieren, sondern vielmehr wird dadurch erreicht, dass der Imagewert stetig steigt und eine virale positive Verbreitung stattfindet. Wir streben nach Aktionen, bei denen man etwas erlebt, was man mit Geld nicht kaufen kann – so schaffen wir eine Emotionalisierung zu der Marke NEU.DE.

Jeannine Halene: Das klingt nach einer großen Vision. Aber um so etwas langfristig in die Tat umzusetzen, benötigen Sie entweder ein sehr großes Marketingbudget oder sehr clevere Ideen.

WIR STREBEN NACH AKTIONEN, BEI DENEN MAN ETWAS ERLEBT, WAS MAN MIT GELD NICHT KAUFEN KANN.

Über NEU.DE

- **Branche:** Onlinepartnersuche
- **Claim:** „Hier fängt es an.“
- **Mitarbeiter:** 400 in Europa
- **Geschäftsführer:** Joachim Rabe
- **Hauptsitz:** München & Paris
- **Gegründet:** 2002
- **Muttergesellschaft:** Meetic S.A.
- **Website:** www.neu.de

INTERVIEW: NEU.DE

Joachim Rabe: Letzteres ist der Fall. Die Aktionen entstehen meistens aus einem Dialog mit anderen Unternehmen. Viele fragen uns mit einem fertigen Konzept an, wie zum Beispiel Bertolli. Die Aktion „Pasta sucht Soße“ war bereits von Bertolli vorformuliert und erfolgte direkt mit Aufstellern am POS in Supermärkten. Keiner isst trockene Nudeln! Es wird uns zum Nutzen, dass die Zielgruppe von anderen Marken übergreifend zu unserer Zielgruppe ist. Daher bleibt unser auszugebendes Budget auch überschaubar. Das Stichwort hierzu ist „Multiplikatorenmarketing“. Jeder Kooperationspartner erfährt eine Win-win-Situation. Wir haben Glück, dass unsere Zielgruppe so begehrt ist.

DIE LEUTE WAREN HELLAUF BEGEISTERT UND HABEN DIESE POSITIVE STIMMUNG AUF ANDERE ÜBERTRAGEN.

Es suchen einfach viele Firmen Kooperationen mit uns. Und da geteiltes Budget halbes Budget bedeutet, ist dies nicht nur wirtschaftlich, sondern auch werblich für die beteiligten Partner ein voller Erfolg.

Jeannine Halene: Fällt Ihnen eine Kampagne ein, die aus irgendwelchen Gründen sehr besonders war?

Joachim Rabe: Ja, auf Anhieb! Meine Lieblingsaktion war zu einer Kinopremiere mit Sandra Bullock in München. Zur Premiere wurde in der Morningshow Radiowerbung gemacht. Eine motivierte Dame moderierte mit sympathischer Stimme jeden Morgen: „Treffe das Date deines Lebens.“ 50 Mitglieder von NEU.DE hatten die Möglichkeit, mit dem Flirtpartner ihrer Wahl das erste Date direkt bei der Premiere inklusive After-Show-Party mit Stars und Sternchen zu erleben. Ein First Date mit Sandra Bullock also.

Die Leute waren hellauf begeistert und haben diese positive Stimmung auf andere übertragen. Wann erlebt man schon mal eine Premiere mit Hollywood-Prominenz in München?! Solche Erlebnisse erzählt und teilt man. Die Aktion hatte aufgrund der Einmaligkeit und Attraktivität eine sehr hohe Reichweite.

Jeannine Halene: Ich nehme gleich mal das Stichwort „teilen“ auf. Werden solche Erlebnisse tatsächlich auf Facebook und Co. geteilt? Ich könnte mir vorstellen, dass es eher eine sehr private Sache ist, eine Singlebörse zu nutzen. Will Ihr User überhaupt, dass seine Freunde wissen, dass er „auf der Suche“ ist?

Joachim Rabe: Das stimmt schon. Das Thema Social Media ist in unserer Branche nicht ganz so einfach. Die Dienstleistung einer Singlebörse hat einfach keinen „Schmuckcharakter“. Das ist auch der Grund, warum wir versuchen, ein übergeordnetes Image aufzubauen.

Jeannine Halene: Und wie machen Sie das genau?

Joachim Rabe: Wir versuchen, ein positives Image aufzubauen, das die öffentlichen Berührungsängste mit einer Onlinepartnerbörse aufhebt. Und das tun wir, indem wir Erlebnisse schaffen. Ein gutes Beispiel dafür ist das Event mit der Marke „Arqueonautas“. Hier haben wir ebenfalls wieder mit Partnern gearbeitet. Prominentes

Über Joachim Rabe

- **<u>Geschäftsführer seit:</u>** 2008
- **<u>Ausbildung:</u>**
  Diplom-Kaufmann, BWL mit Schwerpunkt Werbepsychologie
- **<u>Berufliche Stationen:</u>**
  GfK, Burda, MSN, As peeper Media, Interactive Media, Meetic SA

INTERVIEW: NEU.DE

Zugpferd war Kevin Costner. Bei einem Gewinnspiel mit NEU.DE konnte man zwei Tickets nach Sylt gewinnen und beim Markenlaunch dabei sein. Der Hollywoodstar & Markenbotschafter von „Arqueonautas", Kevin Costner, hat den Launch mit seiner Band begleitet.
Auch hier war es eine spannende und einmalige Gelegenheit, mit einem Hollywoodstar abends an der Bar zu stehen, gemeinsam anzustoßen oder in den Genuss seiner musikalischen Künste live eintauchen zu dürfen. Das ist ein Erlebnis, das man wohl nie vergisst.

Jeannine Halene: Das heißt, Sie setzen sehr stark auf Veranstaltungen. Aber Kevin Costner ist ja auch nicht immer verfügbar?

Joachim Rabe: Stimmt. Daher gibt es auch konstante, tägliche Events. NEU.DE lädt von montags bis freitags in Bars ein. Die Kosten bleiben auch hier wieder überschaubar. Locationmiete fällt nicht an, der Barbetreiber ist froh, wenn die Lokalität gefüllt wird.
Die Events schaffen Nähe und Vertrauen und heben das Gefühl, dass wir eine reale Marke sind und nicht nur eine Onlineplattform.

Jeannine Halene: Also ist Multiplikatorenmarketing das Erfolgsgeheimnis von NEU.DE?

Joachim Rabe: Ja. Marketing muss nicht immer teuer sein. Am Beispiel NEU.DE sehen wir, wie man es mit einem überschaubaren Budget, aber einer begehrten Zielgruppe weit bringen kann.

Liebe

”

Nichts geschieht ohne Risiko. Aber ohne Risiko geschieht auch nichts.

Walter Scheel

INTERVIEW: CUT CORNER

Im Gespräch mit André Lichtenscheidt

Geschäftsführer des „Cut 'n' Roll"-Barbershops „Cut Corner"

DIESER FRISEUR MACHT 'NE WELLE – IM MARKETING UND AUF DEM KOPF!

Der Rockabilly-Barbershop legt vor allem Wert auf einen besonderen und persönlichen Kundenservice, der seine Besucher zu Stammgästen macht.

Jeannine Halene: Aloha André, schön, dich kennenzulernen! Du betreibst seit Juli 2009 deinen eigenen Friseursalon in Düsseldorf – und zwar äußerst erfolgreich. Warum kommen die Leute gerade zu dir? In Düsseldorf mangelt es ja nicht gerade an guten Friseuren.

André Lichtenscheidt: Servus! Tja, das ist die ganz große Frage! (Lacht.) Jedes Teammitglied trägt seinen Teil zu unserem Erfolg bei. Zudem bieten wir einen großartigen Haarservice, kombiniert mit der Lockerheit eines guten Freundes in einer netten Bierrunde. Was uns antreibt: Wir wollen unsere Kunden nicht nur verschönern, sondern begeistern!

Bei uns gibt es zwei Salonarten. So hat der Kunde die Wahl zwischen einem schönen Vintage-Shabby-Chic-Salon mit modernster Farb- und Frisurenberatung und einem alteingesessenen Barbershop mit traditionellem Handwerk, angefangen beim klassischen Messerschnitt über die im Volksmund so genannte Elvistolle, bis hin zur entschleunigten Messerrasur. In beiden Salonbereichen gibt es sowohl gängige Getränke wie Espresso, Tee und Wasser als auch das Bier ab vier! Es ist ein mildes, französisches Bier,

UNSER ANTRIEB IST ES, UNSERE KUNDEN NICHT NUR ZU VERSCHÖNERN, SONDERN ZU BEGEISTERN.

Über Cut Corner

- **Branche:** Moderner Friseursalon, Rock-'n'-Roll-Friseur & klassischer Barbershop
- **Mitarbeiter:** 4 Angestellte
- **Geschäftsführer:** André Arno Lichtenscheidt
- **Standort:** Düsseldorf
- **Gegründet:** 2009
- **Website:** www.cutcorner.de
- **Ladenlokal Größe:** 135 m^2

INTERVIEW: CUT CORNER

das in einem 0,2-Glas serviert wird. Das Feierabendbierchen kann man daher ohne Reue und ohne Sorge um seinen Führerschein bei uns im Salon trinken. Für Nichtfahrer gibt es auch ein hochprozentiges Mundwässerchen, das aus den amerikanischen, schottischen oder französischen Landen importiert wird. Einen separaten Smoking-Room gibt es auch, damit die Damen und Herren zum Beispiel beim Einwirken der Farbe dort eine Zigarre oder Zigarette rauchen können, ohne rausgehen zu müssen. Cheers!

Jeannine Halene: Topmoderne Friseurläden mit modernster Einrichtung in bester Lage vs. urigen Insider-Laden – kann und möchte man das überhaupt vergleichen und was hat heutzutage bessere Erfolgsaussichten?

MAN MUSS SICH EINFACH NUR DIE FRAGE STELLEN: WER BIN ICH, WAS TUE ICH UND WAS WILL ICH DAMIT AUSSAGEN?

André Lichtenscheidt: Beides! Wichtig ist: Man sollte sich selbst treu bleiben und sich nicht verbiegen. Ich sage zwar auch manchmal „Der Salon ist eine Bühne" zu meinen Angestellten, aber wenn man sich verbiegt und sich verstellt, merkt das der Kunde sofort.
Man muss sich einfach nur die Frage stellen: Wer bin ich, was tue ich und was will ich damit aussagen? Die Einrichtung muss Stil und Geschmack haben. Das heißt: Weg mit dem unnützen Nippes! Man muss sich folgende Frage immer vor Augen halten: Will der Kunde in einer Krimskramsbude die Haare gemacht bekommen oder eher in einem stilvollen Salon?
Es muss ja nicht unbedingt immer alles Hightech sein. Wichtig ist, dass sich der Stil wie ein roter Faden durch das gesamte Geschäftskonzept zieht. Ich glaube, der Sinn für Stil vieler Menschen und Unternehmen hat

sich im Allgemeinen in den letzten Jahren wesentlich verändert. Ein familiäres Flair hat mehr Erfolg als ein unterkühltes Salonkonzept à la Zahnarztpraxis. Meiner Erfahrung nach gehen viele Menschen vermehrt „back to the roots". Damit meine ich, die „Geiz-ist-geil"-Philosophie weicht dem Gedanken „Was nix kostet – ist auch nix!".

Über André Arno Lichtenscheidt

- **Geschäftsführer seit:** 2009
- **Ausbildung:**
  - 1997: Traditionelle Friseurausbildung
- **Berufliche Stationen:**
  - 2006 Meisterfriseur
  - Nach der Lehre tätig in verschiedenen Friseursalons

INTERVIEW: CUT CORNER

Jeannine Halene: Was macht einen guten Friseur für dich aus? Hast du ein Vorbild oder jemanden, der dich besonders inspiriert?

André Lichtenscheidt: Ein richtiges Vorbild unter Friseuren habe ich nicht. Ich kann es nur sagen, wie Frank Sinatra es damals gesungen hat: "I did it my way." Das ist ein Vorbild für mich, denn auch er hat einfach sein Ding gemacht. Als ich 2009 das Geschäft eröffnet habe, gab es viele Menschen, die mich fragten, ob ich mir sicher sei mit meiner Entscheidung, zumal ich sie während der damaligen Bankenkrise traf. Heute kann ich sagen: Wenn man etwas wirklich will, dann kann man es mit viel Fleiß und starken Nerven auch schaffen! Ein guter Friseur ist der, der dem Kunden zuhört – nicht mehr und nicht weniger! Klingt komisch? Ist aber so! Ich finde diese Friseurmeisterschaften absolut unsinnig. Denn was bringt es dem Kunden, wenn der Friseur 20 Pokale im Regal stehen hat, der ihm aber nicht zuhört, seine Probleme nicht analysiert und dem Kunden am Ende obendrein die Frisur nicht steht?

Jeannine Halene: Deine Frisuren sind alles andere als 08/15. Welche Kundschaft kommt zu dir in den Laden? Sind es Stammkunden aus der Rockabilly-Szene oder gibt es auch gewöhnliche Laufkundschaft?

André Lichtenscheidt: Da der Salon überhaupt nicht in einer Umgebung liegt, wo man zufällig dran vorbeischlendert, würde ich sagen, haben wir gar keine Laufkundschaft! Unser Geschäft lebt von den Kunden, die uns weiterempfehlen.
Zum Thema „gewöhnlich“: Die Frage ist doch immer: „Was ist gewöhnlich?“ Wenn man denjenigen Kunden als gewöhnlich bezeichnet, der es schätzt, dass sein Friseur ihm immer genau zuhört, ihn durch gekonnte Motivation zu einem neuen Ich verhilft und ihm nicht nur irgendein Produkt oder irgendeine Dienstleistung aufschwatzten will, dann haben wir sehr viele von denen – circa 60 Prozent. Die Szene-Leute machen circa 40 Prozent unserer Kundschaft aus – weil wir eben durch unsere sehr alten Schnitttechniken in der Lage sind, in Perfektion stilgenaue Vintagefrisuren zu kreieren!

Seien es Frisuren aus den frühen 30er- oder aus den späten 50er-Jahren, oder seien es die scharfkantigen Haartollen aus den 80er-Jahren, wie sie u.a. Brian Setzer, der Frontman von den *Stray Cats,* trug!

Jeannine Halene: Du nutzt deinen Pontiac Strato Chief Pane Lane als mobilen Salon auf Events, um Kunden den ultimativen Rock-'n'-Roll-Look zu verleihen. Wie hat sich dies auf deine Bekanntheit und deinen Umsatz ausgewirkt?

André Lichtenscheidt: Ich sage es mal so: Womit kann man jemanden überzeugen, den Friseur zu wechseln? Durch eine Empfehlung oder eine positive Vor-Ort-Erfahrung. Durch unsere Roadtouren hat es das Unternehmen „Cut Corner by André" in kürzester Zeit geschafft, sich von einer One-Man-Show in ein fünf Mann starkes Team zu verwandeln – dessen Termine durchgehend immer eine Woche im Voraus ausgebucht sind! Wir haben Stammkunden, die aus einem Einzugsgebiet von gut 250 km alle vier bis fünf Wochen zu uns kommen. Von daher kann ich schon mit gutem Gewissen sagen: Ja, der Bekanntheitsgrad ist bisher um die 1.000 Prozent gestiegen.

ICH GLAUBE, DIE LEUTE FREUEN SICH EINFACH DARAUF, EINEN FRISEURBESUCH DER ANDEREN ART ZU ERLEBEN.

Jeannine Halene: Gibt es häufig Leerlaufphasen oder reißen sich die Leute um einen Termin bei dir? Man muss ja schon etwas mutig sein, um sich auf deinen Stuhl zu setzen!

André Lichtenscheidt: Also, auf unserer „Cut 'n' Roll the 50s Barbershop-Roadtour" ist es so, dass es keine Termine gibt, sondern dass man sich anstellen muss. Mut muss, glaube ich, keiner beweisen, denn ich bin nur bei einer Sache ernst und das ist bei der Schnittausarbeitung. Ansonsten freuen sich die Menschen, bei mir auf dem Friseurstuhl zu sitzen, weil mein Team und ich durch gekonnten Wortwitz und Einsatz unseren Kunden das Gefühl von „Ich bin ein Star, weil alle Menschen drum herum

mir gerade auf die Haare schauen" vermitteln können. Ich glaube, die Leute freuen sich einfach darauf, einen Friseurbesuch der anderen Art zu erleben – am Wochenende auf einer Veranstaltung mit Gleichgesinnten, wo man beim Besuch ein lecker Bier trinken kann und laut Rock 'n' Roll hört, dabei am Heck eines sehr alten Ami-Schlittens sitzen kann und sich über die drei B-Sachen unterhält, welche Männer wirklich interessieren: Bier, Benzin, Busen! Wir machen aus einem langweiligen Must-Termin ein Erlebnis – das ist unser Erfolgsgeheimnis.

Jeannine Halene: Du scheinst immer gut drauf zu sein und vor Energie zu sprühen. Wie schaffst du das und was ist deine größte Motivation?

André Lichtenscheidt: Das frage ich mich manchmal auch. Ich glaube, der Grund, warum ich so viel arbeiten und dabei auch immer gut drauf sein kann, ist ganz einfach: Ich liebe einfach das, was ich tue! Es ist für mich ein wahr gewordener Traum. Ich kann genau das machen, wovon ich schon immer geträumt habe. Und dazu gibt es dann auch noch so viele Leute, die das toll finden und mich motivieren, weiterzumachen. Dabei verdiene ich auch noch genug Geld, um angenehm leben zu können.

Jeannine Halene: Zum Abschluss noch eine private Frage: Welche Frisur würdest du mir verpassen?

André: Tja, wenn ich das nur wüsste! (Lacht.)

Nur der Überzeugte überzeugt.

Joseph Joubert

INTERVIEW: HYUNDAI

Im Gespräch mit Markus Schrick

Geschäftsführer Hyundai Motor Deutschland GmbH

HYUNDAI NEW THINKING. NEW POSSIBILITIES.

DAS UNMÖGLICHE MÖGLICH MACHEN

Eine Unterhaltung über Haltung

Jeannine Halene: Herr Schrick, der Slogan „New Thinking. New Possibilities." spricht sich für neue Denkweisen jenseits vom Mittelmaß aus. Ist genau dieses andere Denken auch ausschlaggebend für den heutigen Erfolg von Hyundai?

Markus Schrick: Der Slogan ist für uns alle Anspruch und Herausforderung zugleich. Hyundai hat in der Vergangenheit immer wieder bewiesen, dass wir Herausforderungen annehmen und in der Lage sind, das scheinbar Unmögliche möglich zu machen. Ausschlaggebend für unseren Erfolg sind unsere qualitativ hochwertigen und zuverlässigen Produkte. Deren Design ist seit 2013 Kaufgrund Nummer eins für unsere Kunden in Deutschland, gefolgt vom immer noch sehr wichtigen Preis-Leistungs-Verhältnis.

Jeannine Halene: Hyundai ist Vorreiter in Sachen Marketing. Sie bedienen wohl alle Kanäle, die man sich denken kann, und setzen dabei verstärkt auf das Thema „Emotionen". Erklären Sie uns bitte, warum das so wichtig ist?

Markus Schrick: Wir sind mit unseren Produkten und deren Design, Qualität und Zuverlässigkeit auf Höhe des Wettbewerbs. Mit unserem Engagement im Fußball und Motorsport, der Deutschen liebste Kinder, wollen wir Sympathie, Leidenschaft und Enthusiasmus erzeugen.
Wir wollen unsere Marke mit Emotionen befeuern und sie damit den Menschen näherbringen. Beispielsweise als Hauptsponsor der Fußballwelt- und -europameisterschaften der FIFA und UEFA verbinden wir Hyundai

Über Hyundai Motor Deutschland GmbH

- **Branche:** Automobilhersteller
- **Mitarbeiter:** 196
- **Geschäftsführer:** Markus Schrick
- **Hauptsitz:** Offenbach am Main
- **Gegründet:** 1991
- **Website:** www.hyundai.de
- **Jahresumsatz:** 1,12 Milliarden Euro

INTERVIEW: HYUNDAI

mit den positiven Emotionen des Sports. Fußball ist weltweit die beliebteste Sportart und in Zeiten der Weltmeisterschaft befassen sich laut Marktforschung rund 80 Prozent der Menschen direkt oder indirekt mit dem runden Leder. Dies bietet für die Marke Hyundai eine ideale Kommunikationsplattform und die Möglichkeit, Dynamik, Begeisterung und Leidenschaft für unsere Marke zu unseren Kunden und zu den Fußballfans zu transportieren. Egal, ob vor Ort im Stadion oder in einem der Hyundai-Fan-Parks. Immer dann, wenn Menschen auf Hyundai treffen, wollen wir Wärme und Emotion schaffen.

Jeannine Halene: In unserer heutigen Welt ist das Neueste vom Neuesten schon alt, bevor es überhaupt auf den Markt kommt. Wie stellen Sie sicher, dass Hyundai immer über die neuesten Trends und Innovationen verfügt?

SCHNELLIGKEIT IST EINER DER ERFOLGSFAKTOREN UNSERES KONZERNS.

Markus Schrick: Schnelligkeit ist einer der Erfolgsfaktoren unseres Konzerns. Wir haben die durchschnittliche Entwicklungszeit deutlich verkürzt. Waren es bis vor Kurzem noch 48 Monate, liegt sie heute bei 24 Monaten.
Hyundai ist zudem in allen wichtigen Regionen der Welt mit Forschungs- und Entwicklungszentren sowie Produktionsstätten vertreten. Wir sind so nah am Markt, hören sehr intensiv auf den Kunden und können schnell reagieren, wenn der Markt es verlangt.

Jeannine Halene: Hyundai setzt seit einigen Jahren stark auf Design. Sie selber sagen, dass dies sogar der Kaufgrund Nummer eins ist. Haben Sie heute andere Kunden als früher?

Markus Schrick: Der Erfolg in den letzten Jahren zeigt, dass Hyundai mit dem attraktiven Design nicht nur neue Kunden gewonnen hat, sondern viele bestehende Kunden der Marke treu bleiben.

Wir wissen, dass die Kundenloyalität bei uns zehn Prozent höher ist als im Branchendurchschnitt. Das liegt zum einen an unserer neuen Designsprache „Fluidic Sculpture", die auf Natürlichkeit, Eleganz und klare, fließende Linien setzt. Unsere neusten Modelle, der Kleinstwagen i10 und die Genesis-Sportlimousine, wurden bereits mit dem Red Dot Award in der Kategorie Produktdesign ausgezeichnet. Zum anderen überzeugen wir mit ausgezeichneter Qualität und unserem sehr guten Preis-Leistungs-Verhältnis.

Über Markus Schrick

- **Geschäftsführer seit:**
  1. März 2012
- **Ausbildung:**
  - Studium an der European Business School
  - Master an der American Graduate School of International Management
- **Ausgewählte berufliche Stationen:**
  - Investment- und Finanzanalyst Ford of Europe Entwicklungszentrum in Dunton, England
  - Leiter Preisgestaltung, Vertriebs- und Marketingcontrolling, Audi
  - Executive Director Vertrieb und Marketing für die Region Asien und Pazifik, Audi
  - Geschäftsführer Toyota Deutschland GmbH
  - Geschäftsführer Toyota Motor Italia
  - Berater des Vorstands Frowein & Co. Beteiligungs AG

INTERVIEW: HYUNDAI

Jeannine Halene: Die Marke Hyundai hat eine enorme Transformation durchgemacht und ist heute erfolgreicher denn je. Wie stellen Sie sicher, dass auch Ihre Händler das neue Image leben?

Markus Schrick: Wir stehen im regen Austausch mit unserem gesamten Händlernetz und begleiten Veränderungsprozesse und die Einführung von Neuerungen intensiv. Außerdem bieten wir den Händlern Möglichkeiten, sich selbst gemeinsam mit uns weiterzuentwickeln. So haben wir beispielsweise das Projekt Hyundai Mission Quality ins Leben gerufen. Bei diesem für die Händler freiwilligen Programm prüfen wir gemeinsam alle Arbeitsprozesse des Handelsbetriebes und erarbeiten individuelle Konzepte, um Stärken auszubauen und Schwächen zu beseitigen.

Jeannine Halene: Sie haben eine beeindruckende automobile Karriere hinter sich. Zunächst Ford, dann Audi, VW, Toyota und nun Hyundai. Was macht Hyundai anders als die Mitbewerber?

Markus Schrick: Hier würde ich gerne den Chairman der Hyundai Motor Group, Chung Mong Koo, zitieren: „Einer der Gründe für unseren Erfolg ist die Tatsache, dass es uns immer wieder gelingt, das Unmögliche möglich zu machen!"

Jeannine Halene: Hyundai wächst – und das gegen den Branchentrend. Was sind Ihrer Meinung nach die Erfolgsfaktoren hierfür?

Markus Schrick: Bis 2017 planen wir im Rahmen unseres „Product Momentum 2017" 22 neue Derivate und Modelle einzuführen. Begonnen hat diese Produktoffensive Ende 2013 mit dem neuen Hyundai i10, seit August haben wir die Genesis-Sportlimousine im Markt.

Zudem setzen wir verstärkt auf das Thema Individualisierung und Emotionalisierung mit sportlichen Sondereditionen, wie zum Beispiel dem

i10 Sport oder dem ix20 Crossline. 2015 und 2016 werden wir weitere attraktive und innovative Produkte und Antriebe vorstellen, die für Wachstum sorgen werden.

BEI UNSEREN ENTSCHEIDUNGEN STEHEN QUALITÄT UND SERVICE FÜR UNSERE KUNDEN AN ERSTER STELLE.

Jeannine Halene: Man könnte meinen, dass es für eine koreanische Firma eher schwierig ist, in Deutschland erfolgreich zu sein, da die koreanische Kultur – auch im Geschäftsleben – den meisten Deutschen fremd ist. Ich hatte selbst mal die Gelegenheit, Ihr Headquarter in Offenbach kennenzulernen, und war erstaunt, wie zwei Kulturen sehr tolerant miteinander vereint gelebt werden. Sind Offenheit und Toleranz auch Gründe, warum Hyundai in Deutschland so erfolgreich ist?

Markus Schrick: Ja, das denke ich schon. Bei unseren Entscheidungen stehen Qualität und Service für unsere Kunden an erster Stelle. Die Zusammenarbeit mit den Kollegen in Offenbach und Kollegen rund um den Globus zeichnet sich durch einen positiven und respektvollen Umgang miteinander aus. Ein Beispiel für die Einstellung der Mitarbeiter zum Unternehmen ist unser Umzug von Neckarsulm nach Offenbach im vergangenen Jahr. 70 Prozent der Mitarbeiter sind im Unternehmen verblieben, ein Rekord in der Branche und ein Zeichen dafür, dass unsere Mitarbeiter zufrieden sind. Und diese Zufriedenheit sowie die Loyalität zur Marke tragen einen großen Teil zum Erfolg unseres Unternehmens bei.

Jeannine Halene: Wir sprechen heute vom Megatrend „Ecolution". Unternehmen müssen nicht nur Ideen haben, wie sie Problemen, zum Beispiel der Umweltverschmutzung, entgegenwirken können, sondern konkrete Lösungen anbieten. Was ist die „Ecolution" von Hyundai?

Markus Schrick: Mit dem Hyundai ix35 Fuel Cell haben wir weltweit als erstes Unternehmen ein Brennstoffzellenfahrzeug auf der Straße, das in Serie produziert wird. Ein kurzer Betankungsvorgang wie bei einem normalen Fahrzeug, eine Reichweite von fast 600 Kilometern und aus dem Auspuff entweicht nichts als Wasser. Mit dem ix35 Fuel Cell unterstreichen wir eindrucksvoll den Innovationsanspruch unserer Marke – zukunftsweisende und umweltfreundliche Technologie in einem voll alltagstauglichen Fahrzeug. Weiter wurde das Werk in Asan, Korea, mit einer 213.000 m² großen Solaranlage ausgestattet, um eine möglichst ressourcenschonende Produktion zu ermöglichen. Sie liefert 11,5 Millionen kWh Strom pro Jahr, was dem Energiebedarf von bis zu 3.200 Haushalten entspricht.

Jeannine Halene: Wir leben in einer Welt, die permanent auf Sendung ist. Wir empfangen ständig und von überall Werbebotschaften. Wie stellen Sie sicher, dass Ihre Botschaften wahrgenommen werden?

Markus Schrick: Für die Werbung und die Kundenbindung nutzen wir neben den klassischen Kanälen verstärkt soziale Medien. Wir sind auf Facebook, YouTube und seit Beginn des Jahres auch auf Twitter unterwegs – und immer in regem Austausch mit der schnell wachsenden

HYUNDAI

INTERVIEW: HYUNDAI

Hyundai-Community, mit unseren Fans. Wie schon erwähnt, bilden Emotionen den Kern unserer Aktivitäten. Wir wollen der Marke und unseren Produkten Emotionen und Wärme einhauchen und dies für unsere Kunden erlebbar machen. Wie das gelingt, haben wir mit unserem Hyundai- Fan-Park in Berlin gezeigt. Begeisterung, Leidenschaft und Emotionen – und Hyundai mittendrin. Auch das Thema Motorsport spielt eine große Rolle für die Emotionalisierung unserer Marke: Mit der seriennahen Rennversion des Veloster Turbo haben wir die härteste Prüfung, das 24-h-Rennen am Nürburgring, mit vielen sehr emotionalen Momenten erfolgreich gemeistert und so die Qualität und Zuverlässigkeit unserer Fahrzeuge unter Beweis gestellt.

Jeannine Halene: Welches war die erfolgreichste Werbemaßnahme, die Sie bei Hyundai erlebt haben?

Markus Schrick: Die Kampagne „Vom Leben inspiriert" zu unserem neuen Kleinstwagen Hyundai i10. Wir haben hier erstmals 360-Grad-Kommunikation umgesetzt und zahlreiche neue und innovative Marketingformate genutzt. Dazu gehörten zum Beispiel Maßnahmen auf unseren Social-Media-Kanälen, Werbung über sogenannte City Cards und Viralspots unter dem Motto „70 Filme in 10 Minuten". Hier waren wir auf Anhieb sehr erfolgreich, das Video wurde innerhalb weniger Tage mehr als 350.000 Mal angesehen.
Auch die Kommentare aus der Community waren sehr positiv. Ebenfalls ein voller Erfolg war der Hyundai-Fan-Park in Berlin: Mehr als 4,5 Millionen Fans haben dort gemeinsam mit Hyundai die deutsche Nationalmannschaft angefeuert und das Public Viewing in ein großes Freudenfest mit viel Emotionen und Leidenschaft verwandelt.

Vom Leben inspiriert.
+ + + + + =
i10

Ohne Werbung Geschäfte zu machen ist, als winke man einem Mädchen im Dunkeln zu.

Stuart Henderson Britt

INTERVIEW: DOCCHECK

Im Gespräch mit Dr. Frank Antwerpes

Geschäftsführer DocCheck AG

DocCheck® AG

WARUM DURCHHÄNGENDE ZAHLEN DEN UNTERNEHMENSERFOLG DER DOCCHECK AG STEIGERTEN …

… und warum Ärzte nicht auf FKK stehen

Jeannine Halene: Herr Dr. Antwerpes, Sie sind Arzt und quasi „fachfremd“ als Unternehmer tätig. Bitte erklären Sie uns kurz, was die DocCheck AG genau macht und wie Sie auf diese Idee gekommen sind.

Frank Antwerpes: Die DocCheck AG ist eine Holding-Gesellschaft, die sich auf den Gesundheitsmarkt konzentriert. Unter diesem Dach sind vier Gesellschaften versammelt: eine Kommunikationsagentur, eine Ärzte-community, ein Webshop für Praxisbedarf und eine Funding-Gesellschaft für Start-ups.

Jeannine Halene: Die DocCheck AG ist bekannt für ihren frechen Markenauftritt. Wie kommt das in der – na ja, sagen wir mal: eher konservativen – Healthcare-Branche an?

Frank Antwerpes: Gemischt. Nicht jeder Kunde kann mit unserem Stil etwas anfangen. Der Gesundheitsmarkt ist in den letzten zehn Jahren zwar etwas lockerer geworden – aber es gibt noch Potenzial nach oben.

Letztes Jahr haben wir ein Rabatt-Mailing versendet, dessen Leitidee die „Freikostenkultur“ war. Absender war ein fiktiver FKK-Klub – das kam gar nicht gut an, aber zumindest hatten wir die ungeteilte Aufmerksamkeit der Branche.

Über DocCheck

- **Branche:** Internetportal im Bereich Healthcare
- **Mitarbeiter:** 220
- **Geschäftsführer:** Dr. Frank Antwerpes
- **Hauptsitz:** Köln
- **Gegründet:** 1990
- **Website:** www.doccheck.com/de/
- **Umsatz:** 17,8 Millionen Euro

INTERVIEW: DOCCHECK

Jeannine Halene: DocCheck ist eine Art „Facebook" für Personen aus der Medizinbranche. Gibt es bei Ihnen auch ähnliche Werbemöglichkeiten? Facebook bietet dazu ja einen großen Fächer an Angeboten.

Frank Antwerpes: Ja, es gibt einige vergleichbare Werbemöglichkeiten. Die Firmen können eigene Seiten erstellen, Fans gewinnen und Mitteilungen in der Community platzieren. Von Facebook können wir allerdings noch viel lernen.

Jeannine Halene: In meinen Augen betreiben Sie „Lösungsverkauf" anstelle von klassischem Produktverkauf. Welches sind die Hauptargumente, warum Ärzte Ihre Plattform nutzen?

Frank Antwerpes: Ärzte finden auf DocCheck viele wichtige Informationen und können schnell Kontakt zu Kollegen knüpfen, wenn sie mal mit einem Problem nicht weiterkommen. Das wichtigste Argument ist aber, dass sie aktiv „medmachen" können, d.h. Blogs, Kommentare und Fachartikel veröffentlichen oder einfach nur Bilder, Videos und Vorträge hochladen.

DER ERFOLGREICHSTE COUP WAR, EINFACH LANGE DURCHZUHALTEN UND AN DIE IDEE ZU GLAUBEN.

Jeannine Halene: Was war Ihr erfolgreichster Marketingcoup bei DocCheck?

Frank Antwerpes: Der erfolgreichste Coup war, einfach lange durchzuhalten und an die Idee zu glauben. Am Anfang haben uns fast alle Marktteilnehmer belächelt. Mittlerweile sind wir die bekannteste Healthcare-Plattform in Deutschland und haben über eine Million Nutzer. Das milde Lächeln ist jetzt weg.

Jeannine Halene: Wie ich hörte, hängen bei Ihnen die Zahlen durch – so titelten zumindest einige Zeitungen, die von Ihrer halsbrecherischen Veröffentlichung der Geschäftszahlen 2012 berichteten. Erzählen Sie uns von dieser Aktion, und lassen Sie uns wissen, warum Sie solche Überschriften lieben, während andere Geschäftsführer wohl eher einem Herzinfarkt nahe gewesen wären.

Frank Antwerpes: Geschäftsberichte sind in der Regel hochglanzlackierte Langeweile, garniert mit Gruppenbildern von verklemmt wirkenden Führungskräften. Da wollten wir uns nicht einreihen. Deshalb geben wir jedem GB ein individuelles Motto und verbinden ihn mit einer Aktion. Den letzten haben wir einfach in Nadeldrucker-

Über Dr. Frank Antwerpes

- **Geschäftsführer seit:** 1990
- **Ausbildung:**
  - Der Arzt und Zahnarzt hat parallel zu seinem Studium zunächst als freiberuflicher Texter und Konzeptioner für Werbeagenturen und Industrieunternehmen gearbeitet.
- **Berufliche Stationen:**
  - Nach seiner Approbation gründete er 1990 die Internetagentur antwerpes + partner GmbH
  - Die Rechtsvorgängerin der heutigen DocCheck AG entwickelte seinerzeit Webseiten für die pharmazeutische Industrie
  - Seit 2000 ist das Unternehmen börsennotiert
  - Geschäftsführer der 1999 von ihm gegründeten DocCheck Medical Services GmbH, einer 100-prozentigen Tochter der DocCheck AG, sowie der 2013 gegründeten DocCheck Guano AG

INTERVIEW: DOCCHECK

optik auf Endlospapier gedruckt. Dazu gab es eine 3,5-Zoll-Floppy-Disc. Voll entfaltet, kamen mehr als 35 Meter Papier zusammen. Das brachte uns auf die Idee, ihn in seiner ganzen Pracht an einem Kletterturm aufzuhängen und ihn beim Abseilen vorzulesen. Ich gebe zu, dass ich beim Fassadenlauf vorwärts, d.h. mit dem Gesicht zum Boden, Artikulationsstörungen hatte.

Jeannine Halene: Wie wichtig ist Ihrer Meinung nach Marketing für den gesamten Unternehmenserfolg auf einer Skala von 1 bis 10? (1 ist weniger wichtig, 10 ist sehr wichtig.)

Frank Antwerpes: 11.

Jeannine Halene: Sind Sie selbst auch Treiber von kreativen Ideen? Wann haben Sie die besten Einfälle?

Frank Antwerpes: Ja. Aber die besten Ideen sind immer Gemeinschaftsproduktionen. Ich mag es, mit anderen zusammen eine Idee voranzutreiben und zu perfektionieren.

Dazu braucht man allerdings ein gutes Team. Es ist immer wieder erstaunlich, was drei gute Kreative an einem regnerischen Nachmittag auf die Beine stellen können.

Jeannine Halene: Der Trend eHealth rückt in unserer Gesellschaft immer weiter in den Vordergrund. Es wird eine Diagnose „ergoogelt", in einer Onlineapotheke eingekauft, ein Diabetes-Tagebuch online geführt und in Foren mit Leidensgenossen gebloggt.
Das spart nicht nur Kosten, sondern auch den Weg zum Arzt. Was glauben Sie, wie wird sich dieser Trend weiterentwickeln, und gehen wir in 2030 überhaupt noch zum Arzt?

Frank Antwerpes: Der eHealth-Trend wird sich weiter verstärken.

In naher Zukunft werden wir zu Hause unser eigenes EKG schreiben und im Web auswerten lassen, Krankheitserreger selbst bestimmen und Tumormarker messen. Das Smartphone wird verdammt nah an Dr. McCoys Tricorder rücken. Dennoch glaube ich nicht, dass Ärzte so schnell überflüssig werden. Allerdings wird sich ihr Tätigkeitsfokus verändern. Sie werden sich auf komplexere Diagnostik konzentrieren und stärker auf Expertensysteme zurückgreifen.

Das medizinische Wissen wächst so schnell, dass man ohne technische Unterstützung nicht mehr auf der Höhe der Zeit therapieren kann.

Jeannine Halene: Vielen Dank für das Gespräch!

”

Ich bediene Märkte nicht. Ich schaffe sie.

Akio Morita

INTERVIEW: KÖLNER ZOO

Im Gespräch mit Theo Pagel

Direktor und Vorstandsvorsitzender Kölner Zoo

WAS EIN ZOO DER BUNDESLIGA VORAUS HAT

Ein Besuch in der größten WG Kölns

Jeannine Halene: Herr Pagel, Sie sind bereits seit 1991 beim Kölner Zoo. Seit 2006 bekleiden Sie das Amt des Direktors. Welcher Vision gehen Sie seitdem nach?

Theo Pagel: Wir verstehen uns als ein modernes Naturschutz- und Bildungszentrum für Köln und die Region und möchten Menschen für Tiere, ihre Lebensräume und den Artenschutz begeistern und damit ihr Bewusstsein für die Einzigartigkeit der Artenvielfalt und den Schutz der Naturräume wecken.
In den aktuellen Zeiten eines rasanten Artensterbens ist das wichtiger als je zuvor. Wir sind Begegnungsstätte von Mensch und Tier. Wie keine andere Institution können wir eine Mensch-Tier-Beziehung aufbauen und Begeisterung für Lebewesen schaffen, denn nur wer Tiere kennt, wird Tiere schützen.

Jeannine Halene: Aus Ihrem Geschäftsbericht geht hervor, dass die Besucherzahlen 2008 auf dem Tiefststand waren. 2010 sah das Ganze schon wieder anders aus. Wo liegen heute die Besucherzahlen und ist das Modell Zoo noch in Mode?

Theo Pagel: Wir blicken auf ein sehr erfreuliches erstes Halbjahr 2014 zurück mit einer Steigerung der Besucherzahlen um über 20 Prozent. Im vergangenen Jahr haben viele Zoos um die gleiche Zeit, aufgrund des kalten und langen Winters, mit Besucherrückgängen kämpfen müssen. In diesem Jahr dagegen hat das schöne Wetter bereits in den ersten

Über den Kölner Zoo

- **Einrichtung:** Zoologische Anlagen
- **Mitarbeiter:** ca. 160
- **Direktor:** Theo Pagel
- **Standort:** Köln
- **Gegründet:** 1860
- **Website:** www.koelnerzoo.de
- **Bestand:** 10.000 Tiere aus 700 Arten

INTERVIEW: KÖLNER ZOO

Monaten viele Menschen zu einem Besuch im Zoo animiert. Grundsätzlich gilt: Je mehr in einem Zoo geschieht, zum Beispiel in Neuanlagen investiert wird, umso höher ist das Besucherwachstum. Kurzfristige Schwankungen sind hauptsächlich wetterbedingt: Ein verregneter Frühling oder Herbst, aber auch ein zu heißer Sommer haben tiefere Besucherzahlen zur Folge. Trotzdem liegen die Besucherzahlen auf einem sehr hohen Niveau – die Zoos in Deutschland werden doppelt so häufig besucht wie die Bundesliga! Das Modell Zoo hat Tradition und ist nach wie vor beliebt, es verändert sich ständig und ist ein Stück weit auch immer ein Spiegel der Gesellschaft gewesen, wie man Tiere sehen will. Der Trend geht hin zu einer langfristigen Neuausrichtung. Nicht mehr allein das Tier steht im Mittelpunkt, es geht vielmehr um Zusammenhänge und Lebensräume. Zoos werden sich weiter spezialisieren und die

DIE ZOOS IN DEUTSCHLAND WERDEN DOPPELT SO HÄUFIG BESUCHT WIE DIE BUNDESLIGA!

Tiere in möglichst realistischen und naturnahen Anlagen zeigen. Diesem Anspruch wird der Kölner Zoo mit dem Bau moderner Tieranlagen wie etwa dem Elefantenpark, dem Hippodom oder dem neuen Bauernhof gerecht. In den kommenden 30 Jahren soll der Zoo stärker als bisher tiergeografisch gegliedert und Tiere sollen in immer größeren Anlagen vergesellschaftet werden. Ziel ist es, die Besucher mit auf Entdeckungstour in fremde Tierwelten zu nehmen. Ich glaube, wenn der Zoobesuch ein besonderes Erlebnis bleibt, wird er nie aus der Mode kommen.

Jeannine Halene: Die meisten Kids sitzen heute lieber vor dem Computer, als sich in der freien Natur zu bewegen. Wie begegnen Sie diesen Tendenzen und spielt Marketing über Neue Medien dabei eine besondere Rolle (Stichwort: Facebook und Onlinegames)?

Theo Pagel: Genau dieser Tatsache wirken wir mit vielen attraktiven Programmen entgegen. Dabei setzen wir bei den Kids aber schon in einem Alter an, wo der Computer noch nicht die größte Rolle spielt. Und in Kooperation mit der Stadt Köln bieten wir eine „Baby-Boomer-Karte" an, das heißt, alle Eltern eines Kölner Neubürgers erhalten im ersten Jahr eine Jahreskarte für den Kölner Zoo geschenkt. Zudem besuchen uns unzählige Kindergärten und Schulen, allein unsere Kölner Zooschule betreut im Jahr rund 20.000 Schüler. Hinzu kommen unsere betreuten Ferienprogramme, Zeltlager, Kindergeburtstage und einiges mehr.

Die Neuen Medien spielen zwar in unserer Kommunikation auch eine wichtige Rolle zur Ansprache dieser Zielgruppe, aber eben nur eine Nebenrolle im Gesamtmix der Kommunikation.

Über Theo Pagel

- **Vorstandsvorsitzender der AG Zoologischer Garten Köln seit:** 2007
- **Ausbildung:**
  - Studierte an der Universität Duisburg, später an der Heinrich-Heine-Universität Düsseldorf Biologie, Geografie und Pädagogik
- **Berufliche Stationen:**
  - Seit 1991 beim Kölner Zoo angestellt, zunächst Kurator für Vögel, Nagetiere, Huftiere, Raubtiere und Verantwortlicher für das Tropenhaus
  - Zwischen April und Dezember 2002 leitete er zusätzlich kommissarisch das Aquarium
  - 2007 wurde er zum Direktor ernannt
  - Seit 2013 Präsident des Verbands Deutscher Zoodirektoren
  - Mitglied des Komitees für Europäische Erhaltungszuchtprogramme

INTERVIEW: KÖLNER ZOO

Jeannine Halene: Früher war Zoo ein eher berechenbares Erlebnis. Man ging hin und sah viele Tiere. Heute brauchen die Menschen ja immer neue, noch größere Attraktionen. Sie wollen immer mehr „entertained" werden. Muss der Zoobesuch künftig noch abwechslungsreicher gestaltet werden?

Theo Pagel: Nein, nicht zwangsläufig. Unsere Besucher suchen nach einer Art „Entschleunigung" vom Alltag und nach Erholung, sie wollen zurück zur Natur. Und ein Zoo ist für viele Menschen des urbanen Raumes, gerade mit Kindern, quasi der schnellste „Notausgang" zur Natur. Bei uns kommt hinzu, dass gerade der Kölner Zoo sehr liebevoll von unseren Gärtnern parkähnlich gestaltet ist und viel Raum zur Erholung bietet. Die noch größere Attraktion ist eher eine immer realistischere Darstellung von fremden Lebensräumen und größeren Anlagen, wie etwa in unserem Hippodom, einer afrikanischen Flusslandschaft. Wo es sinnvoll ist, nutzen wir natürlich auch „Entertainment-Elemente", zum Beispiel kommentierte Tierfütterungen – aber eher im Sinne einer Edukation der Besucher.

Jeannine Halene: Ich als Düsseldorferin habe natürlich sehr über Ihre Plakatkampagne „Schaut euch mal die Kölner Affen an" gelacht! Können Sie uns hierzu ein paar Hintergründe nennen? Wie kam die Kampagne zustande und was hat's tatsächlich gebracht?

Theo Pagel: Wir haben festgestellt, dass der Kölner Zoo bei den Düsseldorfern und Menschen in dieser Region einfach nicht im Relevant-Set verankert ist. Der Kölner Zoo war dort einfach nicht präsent, obwohl der Weg nach Köln nicht so weit ist, wie vielleicht mancher Düsseldorfer meinen könnte. Was lag also näher, als mit Witz und ein bisschen Selbstironie auf uns aufmerksam zu machen? Gebracht hat es uns sehr viel: Neben der extrem guten Außenwerbewirkung haben vor allem alle großen Düsseldorfer und Kölner Medien über diese Kampagne ausführlich berichtet und das sogar mit großen Abbildungen des Motivs! Diesen Mediawert hätten wir als gemeinnütziges Unternehmen mit einem sehr geringen Marketingetat nie aufbringen können.

In den Neuen Medien verbreitete sich das Motiv ebenfalls, und tatsächlich hat die Kampagne auch verstärkt Düsseldorfer in den Kölner Zoo gezogen, auch wenn es vielleicht keiner öffentlich zugeben würde.

Jeannine Halene: Wie stehen Sie zum Thema Marketing in Ihrer Branche und welche Maßnahmen halten Sie für unabdingbar?

Theo Pagel: Verstärktes Marketing ist gerade für uns als gemeinnütziges Unternehmen, dessen Zuschüsse auch stets von Kürzungen bedroht sind, von immer größerer Bedeutung. Gleichzeitig versuchen wir, wie viele andere Unternehmen aus dem gemeinnützigen Bereich, die Verwaltungs- und damit auch Marketingkosten so gering wie möglich zu halten – sie betragen weit weniger als ein Prozent unserer Gesamtkosten. Dieser Spagat gelingt uns aus meiner Sicht jedoch sehr gut, was die Besucherzahlen und zahlreiche Awards und Erwähnungen in der Fachpresse sowie die Rückmeldungen unserer Besucher belegen. Unabdingbar ist es für uns, das „Ohr am Markt" zu haben, eine gute Strategie sowie eine eindeutige Positionierung zu verfolgen.

Jeannine Halene: Aus den Medien hören wir immer wieder schreckliche Vorwürfe zum Thema Tierhaltung in Zoos. Erst kürzlich las ich in der *Welt* einen Artikel darüber, dass Tiere unter Drogen gesetzt würden. Solche Schlagzeilen schaden nicht nur denen, über die konkret bericht wird, sondern der gesamten Branche. Wie wirken Sie diesen Imageverlusten entgegen?

Theo Pagel: Ich kenne den Artikel ... Mit Erstaunen und Enttäuschung haben wir, die wissenschaftlich geleiteten Zoos des Verbandes Deutscher Zoodirektoren (dessen Präsidium ich derzeit vorstehe) diese Veröffentlichung zur Kenntnis genommen. Grund sind die an vielen Stellen unzureichenden oder falsch wiedergegebenen Rechercheergebnisse,

bei denen es sich überwiegend um falsche Behauptungen handelt. Medikamente werden nur dann eingesetzt, wenn dies nach Einzelfallprüfung durch einen Tierarzt medizinisch indiziert ist. Dafür gibt es genaue Vorschriften, die exakt eingehalten werden müssen. Auch die amtstierärztlichen Vorgaben sind streng. Die verantwortlichen Fachtierärzte stehen in engem Kontakt mit der jeweils zuständigen Veterinärbehörde. Zoologische Gärten werden per se regelmäßig durch Aufsichtsbehörden kontrolliert.

UNABDINGBAR IST ES FÜR UNS, DAS „OHR AM MARKT" ZU HABEN.

Um den Zootieren optimale Haltungsbedingungen anbieten zu können, richten wir unsere Arbeit konsequent nach wissenschaftlichen Kriterien und dem aktuellen Stand der Forschung aus. Deswegen erwarten wir auch vonseiten der Medien eine faire und fundierte Berichterstattung, die sich an objektiven Fakten orientiert, was leider manchmal nicht der Fall ist. Für Dialog und Recherchen zu allen Fragen, die die Tierhaltung betreffen, stehen wir als Ansprechpartner immer zur Verfügung.

In derartigen Fällen reagieren wir mit einer sachlichen Richtigstellung und einer offenen Diskussion sowie der Einladung, sich bei uns selbst

INTERVIEW: KÖLNER ZOO

ein Bild vor Ort zu machen. In der Tat müssen wir aber auch eingestehen, dass wir hier unsere Öffentlichkeitsarbeit viel mehr verstärken müssen, und dies werden wir in Zukunft auch tun.

Jeannine Halene: Wie grenzen Sie sich von anderen Zoos ab bzw. was machen Sie anders?

Theo Pagel: Der Kölner Zoo ist der drittälteste Zoo Deutschlands, hier kann man zugleich einen der ältesten und modernsten Zoos erleben – mitten in Köln!

Wir versuchen, immer einen Schritt weiter zu denken und unser Produkt Zoo ständig im Sinne der Tiere und der Besucher zu verbessern. Durch eine klare Positionierung und unsere Marketingmaßnahmen tragen wir das auch nach außen.

Jeannine Halene: In unserem Buch *Marketing jenseits vom Mittelmaß* geht es darum, auch mal gegen den Schwarm zu schwimmen, um sichtbar zu sein, um es mal in Tiersprache auszudrücken. Wie sehen Sie das?

Theo Pagel: Das kann ich nur bestätigen, wir zeigen marketingtechnisch kein Rudelverhalten, sondern sind lieber der Leitwolf.

Jeannine Halene: Wie wichtig bzw. ausschlaggebend ist Ihrer Meinung nach das Thema Marketing für den gesamten Unternehmenserfolg auf einer Skala von 1 bis 10? (1 ist weniger wichtig, 10 ist sehr wichtig.)

Theo Pagel: Es ist ein sehr wichtiger Faktor (8–10), denn ohne gutes Marketing geht gar nichts im Wirtschaftsleben, aber letztlich sollte man immer alle Faktoren des Unternehmenserfolges genau im Auge behalten und ganzheitlich denken.

Jeannine Halene: Spielt das Thema „Storytelling“ bei der Kommunikation bereits eine Rolle?

Theo Pagel: Ja, wobei ich es nicht als neues Thema begreife, denn es wird im PR-Bereich schon seit jeher eingesetzt. Bilder und emotional besetzte Geschichten dringen einfacher durch die ganze Informationsflut zu den Menschen durch und bleiben länger im Gedächtnis. Und grundsätzlich haben wir in der wohl größten WG Kölns auch eine Menge wahrer Geschichten zu erzählen.

Jeannine Halene: Welches ist das extravaganteste Tier, das Sie im Kölner Zoo beherbergen?

Theo Pagel: Finden Sie es heraus, bei einem Besuch im Kölner Zoo.

Jeannine Halene: Wenn Ihre Tiere wie im Film *Dr. Dolittle* sprechen könnten, was würden Sie unseren Lesern sagen?

Theo Pagel: Besucht mich mal, und beschützt meine Verwandten, denen es im Freiland gar nicht gut geht!

DIE GRÖSSTE WG KÖLNS
HAT EINE MENGE WAHRER
GESCHICHTEN ZU ERZÄHLEN.

”

Enten legen ihre Eier in Stille. Hühner gackern dabei wie verrückt. Was ist die Folge? Alle Welt isst Hühnereier.

Henry Ford

MARKETING JENSEITS VOM MITTELMASS – DIE AUTOREN

JEANNINE HALENE

Die 35-jährige Diplomkauffrau und E-Business-Spezialistin gründete 2011 ihre eigene Werbeagentur. Mittlerweile ist sie die Marketingexpertin für den deutschen Mittelstand. Das *Wirtschaftsblatt* bezeichnet sie als „Mittelstandsexpertin" und „Marketingspezialistin, die mit durchdachten Konzepten und einer Spur Verrücktheit den Mittelstand rockt". Das *TOP-Magazin Düsseldorf* sagt, sie habe den „Wunderkind-Faktor". Jeannine Halene leitete zuvor auf Unternehmensseite Marketingabteilungen, zuletzt bei einem amerikanischen börsennotierten Unternehmen. Seit ihrer Rückkehr nach Deutschland ging sie ihrer Vision nach, ein neues Agenturmodell in Deutschland zu etablieren, was ihr mit der Fan Factory gelungen ist. „Aus Kunden Fans machen", lautet das Motto. Einmalig in Deutschland bietet die Fan Factory neben dem klassischen Agenturgeschäft auch das Marketing-Outsourcing für mittelständische Unternehmen an. Sozusagen eine Unternehmensberatung für den Marketingbereich. Daraus resultierende Projekte können dabei mit direktem Draht zu den Kreativen ohne „stille Post" auf schnellstem Wege umgesetzt werden. Das Agenturmodell ist so erfolgreich, dass Halene nun auch als Referentin auf verschiedensten Bühnen steht, um andere an ihren Erfahrungen teilhaben zu lassen. 2013 war Jeannine Halene für den Düsseldorfer Unternehmerinnenpreis nominiert.

HERMANN SCHERER

Nach dem Studium der Betriebswirtschaft mit den Schwerpunkten Marketing und Verkaufsförderung in Koblenz, Berlin und St. Gallen baute Hermann Scherer mehrere eigene Unternehmen auf, etablierte diese in der Branche, eroberte große Marktanteile von den Wettbewerbern und wurde vom Herausforderer der Branchengrößen zum Marktführer. Ein Unternehmen platzierte er nach kurzer Zeit unter den TOP 100 des deutschen Handels. Parallel dazu wurde er internationaler Unternehmensberater, Trainerausbilder und Manager of Instruction der weltweit größten Trainings- und Beratungsorganisation. Dort erhielt er den Platinum Award für höchste Qualität und höchsten Umsatz. In den weltweiten Rankings von über 10.000 Verkäufern erreichte er regelmäßig Plätze unter den TOP 10. Im Jahr 2000 positionierte Hermann Scherer „Unternehmen Erfolg" mit dem einzigartigen Konzept „Von den Besten profitieren" und wurde schnell zum Marktführer. Dieser Erfolg führte zu gemeinsamen Veranstaltungsreihen mit der Süddeutschen Zeitung, der Verlagsgruppe Handelsblatt, der Frankfurter Rundschau, der Stuttgarter Zeitung, dem Donaukurier, der Sächsischen Zeitung, der Verlagsgruppe Rhein Main, der Saarbrücker Zeitung, den Nürnberger Nachrichten, der Freien Presse, dem Trierischen Volksfreund, dem STANDARD in Wien, dem Handelsblatt, dem FOCUS und weiteren 30 Verlagen.

DAS TEAM

GESTALTUNG & LAYOUT

Mit Best Practice kennt sie sich aus: Jennifer Braun ist Diplom-Kommunikationsdesignerin mit langjähriger Erfahrung in großen und kleinen Werbeagenturen für Print, Online und große Kampagnen. Mit ihrem Know-how in Konzeption, Ideenfindung, Design und Gestaltung unterstützt sie seit 2012 nun die Projekte der Kreativagentur Fan Factory und macht dabei aus ihren Kunden Fans.

SUPPORT BEI RECHERCHE & LAYOUT

Dennis Gnas, wurde in Rendsburg/Schleswig-Holstein geboren und hat als Artdirector schon in kleinen und großen Agenturen in Flensburg, Hamburg und Düsseldorf gearbeitet. Auch auf Unternehmensseite konnte er bei einem deutschen Fahrradhersteller schon Erfahrungen sammeln. Seit Februar 2014 unterstützt Dennis die Fan Factory mit seinen kreativen Leistungen.

FOTOS FÜR DIE INTERVIEWS

Patrick Tiedke ist verantwortlich für die lebendigen Bilder, die bei unseren Interviews entstanden sind. Der Düsseldorfer Fotograf hängt bereits seit einigen Jahren hinter der Linse und ist dabei vor allem für Werbeagenturen, Unternehmen und Magazine im Einsatz.

MACH
MIT!
Take your Chance!

IHRE NOTIZEN

ISBN 978-3-86936-633-3

Umschlaggestaltung, Satz und Layout: Fan Factory Marketingconsulting, Düsseldorf
www.fan-factory.net

Druck und Bindung: Salzland Druck, Staßfurt

Bildnachweis:
Alle Bilder von Fotolia
Interviewbilder von Patrick Tiedke Fotografie
Foto Jeannine Halene, Jennifer Braun & Dennis Gnas (S. 370–371) von Nicole Teuber,
Fotostudio Zur Alten Metzgerei

www.gabal-verlag.de
www.facebook.com/Gabalbuecher
www.twitter.com/gabalbuecher